꽃이 숨쉬는 책 5

꽃나무

Ornamental Trees & Shrubs

부민문화사

www.bumin33.co.kr

차례

✻ 일러두기

1. 이 도감은 주변에서 흔히 꽃이나 잎, 열매, 수형 등의 관상가치가 있어서 기르는 목본식물을 가나다순으로 수록하였다.
2. 자생 수목의 경우에 학명과 일반명은 "대한식물도감"과 "한국식물도감"을 따랐고, 도입 수종이나 원예 품종의 학명은 "Hortus Third"에 따랐다.
3. 이 도감은 다음과 같은 체제로 구성되었다.
   일반명 / 과명 / 영명 / 원산지 / 학명 / 속명 및 종명, 변종명의 뜻 / 꽃나무 사진 /
   형태적인 특징 / 기르기 정보 / 유사종과 그 사진
4. 번식은 중요한 번식 수단의 순서대로 적었다.

✻ 참고도서

곽병화. 1994. 화훼원예각론. 향문사.

김용식, 송근준, 오구균, 이경재. 1998. 한국조경수목도감. 광일문화사.

김태욱. 1994. 한국의 수목. 교학사.

이영노. 1996. 한국식물도감. 교학사.

이창복. 1980. 대한식물도감. 향문사.

한국조경학회. 1997. 조경수목학. 문운당.

Coombes, A. J. 1991. Dictionary of plant names. Timber Press.

Dirr, M.A. 1998. Manual of woody landscape plants. Stipes Publishing L.L.C.

Hillier Nurseries. 1981. Hillier's tree & shrubs. Hillier Nurseries Ltd.

Liberty Hyde Bailey Hortorium. 1986. Hortus Third. Macmillan Publishing Co.

Stearn, W T. 1983. Botanical Latin. David & Charles Inc.

Wyman, D. 1977. Wyman's gardening encyclopedia. Macmillan Publishing Co.

石川格庭. 1979. 庭木・花木の手入れ12カ月. 誠文堂新光社.

鈴木基夫, 横井政人. 1998. 園藝植物. 山と溪谷社.

林榮. 1985. 日本の樹木. 山と溪谷社.

船越亮二, 小林義雄. 1994. 實を樂しむ庭木. 主婦と生活社.

船越亮二, 小林義雄. 1994. 綠を樂しむ庭木. 主婦と生活社.

꽃이 아름다운

꽃나무

개나리

Forsythia koreana

물푸레나무과 / Korean Golden-bell, Forsythia / 한국

인명 W. Forsyth + 한국 원산

✲ 낙엽 관목으로 잎은 마주나고 난상 피침형으로 털이 없다. 잎의 위쪽에서 중앙부까지만 거치가 있다.

✲ 꽃은 4월에 피는데 노란색으로 화관은 종모양이며 깊게 4갈래로 갈라진다. 열매는 난형의 삭과로 갈색으로 익는다. 어린가지는 녹색이지만 점차 회갈색으로 바뀌며 피목이 발달되어 있다.

✲ 초봄 잎이 나오기 전 다소 늘어지는 가지에 노란색의 꽃이 흐드러지게 피는 것이 아름다워 전국에서 산울타리나 차폐식재로 이용한다. 꽃피기 전인 2~3월에 심는다. 꽃이 진 후 5~6월에 걸쳐 강하게 전정을 하거나 웃자란 가지를 잘라 모양을 다듬는다. 8~9월에 다음해의 꽃눈이 만들어지므로 이후에는 전정하지 않는다. 주로 꺾꽂이로 번식한다.

고광나무

범의귀과 / Mock Orange / 한국

Philadelphus schrenkii

인명 + 인명

✲ 높이 2~4m까지 자라는 낙엽 관목이다. 잎은 마주나고 난형 또는 난상 타원형이며 가장자리에 성긴 톱니가 있다. 잎의 표면은 녹색이고 뒷면은 연한 녹색이다.

✲ 꽃은 총상화서로 5월에 흰색 꽃이 피는데 향기가 있다. 열매는 타원형이고 가을에 성숙한다. 어린 가지에는 털이 있고, 오래된 가지는 회백색이고 껍질이 벗겨진다.

✲ 봄에 피는 단아한 흰색 꽃과 단정한 잎과 수형이 아름답다. 햇빛이 반나절 정도 들어오는 곳에서 꽃이 잘 피지만 어느 정도의 음지에도 잘 견딘다. 여름에 발생하는 강한 도장지는 밑에서 바짝 잘라준다. 늘어지는 가지는 반 정도에서 전정하고 너무 커지면 1m 정도에서 바짝 자른다. 종자나 7~8월 반숙지삽으로 번식한다. 관상용 독립수나 산울타리로 이용한다.

골담초

콩과 / Chinese Pea Shrub / 한국, 중국

Caragana sinica

몽고명 caragon + 중국의

✲ 낙엽성 소관목으로 높이 2m 정도이고 가죽질의 잎은 3개의 소엽으로 되어 있다. 노란 꽃은 5~6월에 잎겨드랑이나 가지 끝에서 핀다. 9월에 겉에 갈고리 같은 털이 있는 꼬투리가 달린다.

✲ 옮겨심기를 싫어하므로 작은 나무를 잎이 나오기 전인 3월에 심는다. 한 해에 1m 이상 자라므로 전정하여 모양을 다듬어 주어야 한다. 어린 가지는 겨울에도 녹색을 유지하므로 적절히 전정하여 월동시킨다.
종자나 꺾꽂이, 포기나누기로 번식한다.
산울타리나 단독으로 심어 관상한다.

▶ *Cytisus rasemosus*
골담초와 형태가 유사한 식물로서
주로 분화로 이용한다.

괴불나무

Lonicera maackii

인동과 / Amur Honeysuckle, Woodbind / 한국

인명 + 인명

✲ 낙엽성 관목으로 높이 5~6m이고 잎은 난상 또는 긴 타원형으로 잎자루는 짧고 선모가 있다. 5~6월 잎겨드랑이에 2개씩 꽃이 피는데 처음에는 흰색이었다가 시들면서 옅은 노란색으로 변한다. 열매는 구형으로 9~10월에 붉게 익는다. 가지의 안은 비었고 작은 가지에는 털이 있다.

✲ 봄철 탐스러운 흰색의 꽃과 가을철 영롱한 붉은색의 열매가 아름다워서 많이 심고 있다. 햇빛이 충분하고 다소 습윤한 토양에 심는다. 오래 묵은 포기의 경우에는 새로운 가지의 생장을 위해 오래된 가지를 밑에서 바짝 잘라준다. 종자나 꺾꽂이로 번식한다.

금목서

Osmanthus fragrans var. *aurantiacus*

물푸레나무과 / Fragrant Olive / 중국

향기(osme)와 꽃(anthos) + 향기가 있는 + 오렌지색

✲ 상록성 관목으로 잎은 마주나고 긴 타원형이다. 10월경 강한 향기가 있는 오렌지색의 꽃이 개화한다. 암수딴그루이지만 주변에는 주로 수나무만 있다. 지상부에 많은 줄기가 나와 자라면서 둥근 수형을 유지한다.

✲ 서늘한 가을 바람과 함께 전해지는 달콤한 향기가 매력적인 꽃나무로 추위에 약하여 주로 남부지방에서 단독의 정원수나 기념수 등으로 이용하고 있다. 올해 나온 가지의 잎겨드랑이에 꽃이 달리므로 여름부터는 전정하지 않는다. 꺾꽂이나 포기나누기로 번식한다.

▼ 은목서(*O. fragrans*): 중국 원산으로 10월 흰색의 향기가 좋은 꽃이 핀다. 남부지방에서 심고 있다.

◀ 구골나무(*O. heterophyllus*): 일본 원산으로 10~11월 흰색 꽃이 핀다. 남부지방에서 심는데, 잎이 호랑가시나무와 유사하나 이 식물은 잎이 마주난다는 차이가 있다.

꽃댕강나무

인동과 / Glossy Abelia / 중국 육성

Abelia x *grandiflora*

Dr. C. Abel(1780~1826) + 큰 꽃

✲ 상록성 관목으로 1~2.5m까지 자란다. 잎은 난형으로 길이 1.5~3.5cm이며 가장자리에는 얕은 톱니가 있다. 꽃은 연분홍을 띤 흰색으로 1~4개가 새 가지 끝이나 잎겨드랑이에 피며 개화기는 6~10월이다. 꽃받침잎은 2~5개로 갈라지는데 붉은색으로 가을까지 오랫동안 달려 있다.

✲ 여름과 가을에 걸쳐 꾸준히 피는 흰색 꽃이 관상가치가 있어서 남부지방에서 산울타리로 이용한다. 햇빛이 충분하고 습한 토양을 좋아한다. 옮겨심기에는 4월이 좋다. 여름철에는 웃자란 가지를 중심으로 잘라주고, 가을과 겨울에 걸쳐 전정하여 모양을 다듬어서 기른다. 6월 꺾꽂이로 번식한다.

누리장나무

Clerodendrum trichotomum

마편초과 / Harlequin Glorybower / 한국

그리스어 kleros(행운)와 dendron(나무) + 세갈래로 갈라지는

✻ 낙엽 관목으로 3m까지 자란다. 잎은 난형 또는 난상 타원형으로 가장자리는 밋밋하거나 큰 톱니가 있고 뒷면 맥 위에 털이 있다. 잎에서 누린내가 난다고 하여 누리장이란 이름이 붙었다.

✻ 꽃은 새 가지 끝에 취산화서로 7~8월 개화한다. 화관은 연분홍빛을 띤 흰색으로 5개로 갈라지고 꽃받침은 붉은 빛을 띤다. 열매는 10월에 익는데 종자는 구형으로 남청색이고 적색의 꽃받침으로 남아있어 독특한 느낌을 준다.

✻ 한여름에 피는 특이한 꽃과 가을철의 열매가 관상가치가 있다. 그밖에 약용(가지)이나 식용, 염료용으로도 이용된다. 종자로 번식한다.

능소화

Campsis grandiflora

능소화과 / Chinese Trumpet Creeper / 중국

그리스어 kampe(굽은, 수술) + 큰 꽃

▲ 능소화는 줄기에서 부착근이 나와서 건물이나 나무에 붙어 자란다.

✲ 낙엽성 덩굴나무로 5m까지 자란다. 잎은 마주나고 우상복엽으로 가장자리에 굵은 거치가 있다. 주황색 꽃은 6~8월에 원추화서로 핀다. 수술은 독성이 있다. 열매는 삭과로 10월에 익는다.

✲ 여름철 주황색의 멋진 큰 꽃을 관상하기 위하여 덩굴시렁이나 담장, 죽은 나무에 올려 많이 심고 있다. 잎이 나오기 전인 3월에 심는다. 측지는 3마디 정도를 남기고 전정하여 모양을 다듬는다. 꺾꽂이로 번식한다.

댕강나무

인동과 / Mangsan Abelia / 한국(북한의 석회암 지역)

Abelia mosanensis

Dr. C. Abel(1780~1826) + 평남 맹산의

✻ 낙엽 관목으로 높이 2m 정도까지 자란다. 잎은 피침형으로 가장자리에 톱니와 털이 함께 있다. 꽃은 잎겨드랑이나 가지 끝에 통모양으로 달리는데 바깥쪽은 연분홍색이고 안쪽은 흰색으로 5월에 개화한다. 열매는 9월에 성숙한다.

✻ 봄에 피는 수수하면서 화사한 꽃이 아름다워서 기르는 꽃나무이다. 관상용 또는 식용으로 이용한다. 꺾꽂이로 번식한다.

돈나무

Pittosporum tobira

돈나무과 / Japanese Pittosporum / 한국, 일본

pitta(樹脂)와 sporos(종자)의 합성어(과실의 점착성) + 일본어로 사립문[tobira]을 라틴어화

✲ 상록성 관목으로 3m까지 자란다. 잎은 가죽질로 긴 도란형이며 가지 끝에 둥글게 모여서 어긋나게 달리고 표면은 짙은 녹색으로 광택이 있으며 환경에 따라 뒤로 말린 볼록한 잎이 아름답다. 암수딴그루로 꽃은 5~6월 개화하는데 흰색에서 옅은 노란색으로 다소 향기가 있다.

✲ 열매는 구형의 삭과이고 주황색 종자는 10월에 성숙된다. 열매에서 겨울 내내 점액물질이 분비되어 여러 곤충이 날아와서 지저분하기 때문에 똥나무라고 한 것이 변하여 돈나무가 되었다고 한다.

✲ 가지 끝에 모여난 긴 도란형의 잎과 봄철 꽃이 아름답다. 내염성이 강하지만 추위에는 약해서 주로 남부 해안지방의 정원수로 심는다. 강한 햇빛이 있는 곳에서는 생육이 좋지 않지만 유기질이 풍부한 습윤 토양이라면 잎이나 가지가 치밀해서 보기 좋게 자란다. 맹아력이 좋아서 전정으로 모양을 다듬기 좋고 옮겨심기도 쉬운 편이다. 종자나 꺾꽂이로 번식한다.

동백나무

차나무과 / Common Camellia / 한국, 중국, 일본

Camellia japonica

G. J. Kamel(1661~1706) + 국명

✲ 상록 교목으로 최대 7m까지 자란다. 잎은 두껍고 광택이 있는 타원형으로 거치가 있으며 어긋난다. 꽃은 적색으로 2~4월 피는데 다양한 화색의 겹꽃 원예종이 개발되어 있다. 열매는 삭과로 9~11월에 붉게 익는다.

✲ 늦겨울 반짝이는 짙푸른 잎과 대비되는 선홍색의 꽃잎과 노란 수술이 아름다워 많이 기른다. 잎이나 꽃의 관상가치를 높이기 위해서는 햇빛이 반나절 정도 들어오는 곳이나 낙엽성 교목 밑에서 기르는 것이 좋다. 꽃이 진 후 새로 나오는 가지를 반 정도 잘라 모양을 다듬거나 꽃이 핀 가지 전체를 밑에서 전정한다. 초여름 꽃눈이 만들어진 후 가지의 2차 생장이 이루어지므로 이후에는 전정에 주의한다.

▲ 겹꽃 품종

✻ 관상용으로 남부지방의 정원에서 기를 때에는 가을철에 열매를 따준다. 내공해성과 내염성이 강하고 옮겨심기도 쉽다. 종자를 파종하거나 줄기 꺾꽂이 또는 6월 말~7월 초 잎눈꽂이하여 번식한다.

▲ 애기동백(*C. sasanqua*): 추위에 약하여 주로 남부지방의 해안가에서 심고 있는 일본 원산의 꽃나무로서 동백나무보다 먼저 11~1월경 꽃이 핀다. 동백나무와 유사하나 다음과 같은 차이가 있다.

· 잎이 작고 주맥에 털이 있다.
· 가지에 털이 있다.
· 꽃이 동백보다 좀 더 크고 일찍 핀다.
· 꽃잎이 활짝 벌어진다.
· 꽃이 질 때 꽃잎 하나하나가 떨어진다.
· 추위에 좀더 약하다.

등나무

콩과 / Japanese Wisteria / 한국, 일본

Wisteria floribunda

C. Wistar(1761~1818) + 꽃이 많이 달리는

* 낙엽성 덩굴나무로서 10m까지 자란다. 잎은 어긋나고 우상복엽으로 되어 있다. 줄기는 시계방향으로 감고 올라간다. 연보라색 꽃은 5월에 총상화서로 가지 끝이나 잎겨드랑이에서 핀다. 열매는 털이 둘러싸인 꼬투리로 9~10월에 익는다. 봄철 포도송이처럼 탐스럽게 달리는 연보라색의 꽃송이가 아름다워 많이 기른다.
* 여름철 밑에서 올라오는 맹아지를 제거하고 가지가 너무 번무해지면 가지 끝을 가볍게 전정한다. 2~3월에 가지 기부의 꽃눈을 2~3개 남기고 자른다. 3~4월 잎이 나오기 전에 심는다. 수분이 많은 점질 토양이 좋다. 종자를 저장 후 봄에 파종하거나 휘묻이 또는 꺾꽂이로 번식한다. 덩굴시렁 등에서 녹음과 관상용으로 널리 이용하고 있다.

▲ 잎이나 가지가 너무 번무해지면 꽃이 제대로 피지 않으므로 적절히 전정한다.

때죽나무

Styrax japonica

때죽나무과 / Japanese Snowbell / 한국, 중국, 일본, 필리핀, 대만

storax(安息香을 생산하는 나무) + 국명

✲ 낙엽 소교목으로 높이 10m 정도이다. 잎은 난형으로 어긋나며 가장자리는 거의 밋밋하다. 꽃은 흰색으로 5~6월에 잎겨드랑이에서 총상화서로 밑을 향해서 핀다. 열매는 둥근 핵과로 9월에 익는데 독성이 있다.

✲ 신록의 잔치로 우거진 봄철 큰 나무 아래에 있는 작은 나무에서 흰 꽃이 밑을 향해서 가지를 따라 열을 지어 피는 모습이 너무나 사랑스럽다. 햇빛이 좋은 곳에서도 잘 자라지만, 이 나무의 진가는 반음지에 심었을 때 나타날 것이다. 내공해성이나 내음성이 강하여 대도시에서도 잘 적응한다. 노천매장 후 파종하거나 꺾꽂이로 번식한다.

✲ 유사종으로 쪽동백나무(*S. obassia*)가 있다.

마삭줄

Trachelospermum asiaticum

협죽도과 / Japanese Star Jasmine / 한국, 일본

"목(trachelos)"과 "종자(sperma)"로 얇은 종자를 의미 + 아시아의

✽ 상록성 덩굴식물로 길이 5m까지 자란다. 줄기에서 뿌리가 나와 다른 물체에 붙어 자란다. 잎은 마주나고 타원형으로 가장자리는 밋밋하다. 꽃은 5~6월 흰색으로 피었다가 노란색으로 변하는데 향기가 매우 좋다.

✽ 햇빛이 충분한 곳에서 기르면 물체를 타고 올라가면서 매력적인 향기가 나는 바람개비와 같은 흰색의 꽃을 피워 아름답다. 중부지방에서는 다소 내한성에 문제가 있기도 하지만 장소에 따라서는 반낙엽성으로 월동하기도 한다. 남부지방에서는 주로 덩굴식물로 이용하고 있고 중부지방에서는 주로 반엽 품종 등을 화분에 심어 기르고 있다. 6~7월 새로 나온 가지를 잘라 꺾꽂이하여 쉽게 번식할 수 있다.

▶ 무늬마삭줄(*T. jasminoides* 'Variegatum')

매자나무

매자나무과 / Korean Barberry / 한국

Berberis koreana

매자나무(barberry) 과실의 아라비아명 + 한국의

✻ 경기도나 강원도 이북 지방에서 자라는 우리나라 특산의 낙엽관목으로 1m 정도 자란다. 잎은 다소 가죽질로 장타원형 또는 도란형이며 가장자리에 가시 같은 거치가 있다.

✻ 봄철 신록과 딱 어울리는 앙증맞은 노란 꽃이 송이로 달리는 아름다움을 감상하기 위해서 기른다. 햇빛이 충분하거나 반나절 정도 들어오는 곳과 습하지 않은 토양을 좋아한다. 독립수나 방범용 산울타리로 이용한다.

✻ 5~6월에 올해 나온 가지를 꺾꽂이하거나 4℃ 이하에서 2~3개월간 저온 처리한 후 종자를 파종하여 번식한다.

✻ 5~6월에 노란 꽃이 밑으로 처지는 총상화서로 핀다. 열매는 구형의 장과로 9월에 성숙한다. 어린 가지는 녹색이고 오래 된 가지는 암홍색이며 잎 같은 가시는 손바닥 모양으로 갈라져 있다.

▼ 일본매자나무(*Berberis thunbergii* 'Atropurpurea')

매화나무, 매실나무

장미과 / Japanese Apricot / 중국

Prunus mume

plum(자두)의 라틴명 + 매실의 일본어 발음[ume]의 변형

✻ 낙엽 소교목으로 2~4m 정도 자란다. 잎은 난형으로 끝이 길게 뾰족하고 가장자리에는 예리한 잔 톱니가 있다. 꽃은 향기가 좋고 꽃잎은 도란형으로 적색에서 연분홍색, 흰색 등 품종에 따라 다양하다.

✻ 남부지방에서는 2월경부터 꽃이 피지만 중부지방에서는 늦어져서 4월경 왕벚나무와 거의 동시에 핀다. 개화기는 백매가 5~10일 정도 빠르고 개화 기간도 길다. 열매는 둥근 핵과로 7월 노랗게 익는데 매우 시다. 수피는 회록색이고 작은 가지는 보통 녹색이다.

✻ 대부분의 매화 품종은 꽃잎 색에 관계없이 어린 가지가 녹색이다. 그러나 과실수로 재배되고 있는 일부 품종은 어린 가지가 붉은색이어서 살구나무와 혼동되기도 하는데, 직립하는 가지가 적고 짧은 가지가 많으며 꽃에 향이 있고 잎이 매화와 유사하다는 점에서 차이가 있다.

▲ 매화나무(좌)와 살구나무(우)

✻ 매화나무는 사군자의 하나로 꽃의 향기가 좋고 아름다워 예로부터 정원수로 널리 이용되고 있다. 열매로 술을 빚기도 한다.

✻ 매화나무는 부정아가 잘 생기므로 때에 따라서는 강전정을 하여 어린 눈을 많이 내서 수형을 만들 수 있다. 도장지는 잎눈을 다소 남겨 두고 밑에서 잘라 짧은 가지가 나오도록 유도한다. 짧은 가지에는 꽃이 잘 달리므로 자르지 않고 그대로 둔다. 주로 접목으로 번식한다.

멀 꿀

으름덩굴과 / Japanese Staunton Vine / 한국, 일본

Stauntonia hexaphylla

인명 + 6개 잎의

✲ 남부지방에 자생하는 상록성 활엽 덩굴나무이다. 잎은 가죽질로 5~7개의 소엽으로 구성된 장상복엽이다. 5~6월 잎겨드랑이에 붉은 빛을 띠는 흰색 꽃이 총상화서로 달린다. 열매는 장과로 타원형이며 10월에 적갈색으로 익는다.

✲ 열매가 달리지 않는 긴 덩굴은 밑에서부터 3~5마디 정도에서 자른다. 짧은 가지에서 꽃이 잘 피는 개화습성을 가지고 있다. 덩굴의 유인이나 도장지의 제거는 11월 이후 겨울에 실시한다. 잎이 트기 전 봄철에 묘목을 심는다. 관상용 및 열매를 식용으로 이용한다. 종자나 꺾꽂이로 번식한다.

명자나무

장미과 / Japanese Quince / 중국

Chaenomeles speciosa

chiano(갈라지다)와 melon(사과) + 화려한

✲ 낙엽 관목으로 높이 2m 정도이다. 잎은 타원형으로 어긋나고 가장자리에 잔톱니가 있다. 꽃은 4월에 개화하며 붉은색을 기본으로 분홍색과 흰색 등 다양한 품종이 있다.

✲ 맹아력이 강하여 적절히 전정하지 않으면 모양이 헝클어지기 쉬우므로 약한 가지나 도장지는 기부에서 바짝 잘라준다. 6월 새로운 가지의 끝을 가볍게 자른다. 11월 윗 가지의 꽃눈을 확인하면서 윗부분을 자른다.

✻ 열매는 8월에 타원형으로 노랗게 익으며 길이 10cm 정도이다. 가지에 가시가 있고 탁엽이 발달한다. 독립수나 산울타리로, 꽃을 관상하기 위해 심거나 열매를 약용 또는 과실주에 이용한다.

✻ 옮겨심기는 쉬우며 3월이나 11월이 적당하다. 종자를 4℃ 이하에서 2~3주간 저온처리 한 후 파종하거나 8월에 꺾꽂이 혹은 초봄에 접목하여 번식한다.

▼ 풀명자(*C. japonica*): 일본 원산으로 나무의 크기가 명자나무에 비하여 작고 가지가 다소 포복성이며 열매가 3cm 정도로 구형인 점이 명자나무와 구별된다.

모감주나무

무환자나무과 / Golden Rain Tree / 한국, 중국, 일본

Koelreuteria paniculata

인명 + 원추화서

✲ 낙엽 소교목으로 높이 10m 정도이다. 잎은 우상복엽으로 소엽은 난형이며 가장자리에 성긴 거치가 있다. 6~7월 노란색 꽃이 원추화서로 피는데 개화기가 길다. 열매는 꽈리 모양의 삭과이고 종자는 검은색이며 10월에 성숙한다.

✲ 초여름 습한 공기를 가르고 둥근 수형의 나무에 노란 안개가 낀 듯 한가득 피는 꽃이 매력적이다. 자연 수형이 아름다워 전정은 하지 않는다. 옮겨심기는 비교적 쉽고 내공해성도 강하다. 종자를 60분간 황산에 처리하고 4℃ 이하에서 3개월간 습윤 저온 처리 후 파종하거나 겨울철 뿌리를 꺾꽂이하여 번식한다. 단정한 수형과 여름철 멋진 노란 꽃의 군집미가 아름다워 화목류로 이용한다.

모 란

미나리아재비과 / Tree Peony / 중국

Paeonia suffruticosa

그리스신화 의학의 신 Paion(뿌리 약용) + 관목상의

✲ 2m까지 자라는 낙엽 관목으로 잎은 3~5갈래로 갈라진다. 잎 뒷면에는 잔털이 있고 흰빛을 띤다. 꽃은 5월에 피는데 꽃받침잎 5개, 꽃잎 8개 이상이다. 꽃색은 홍자색이지만 다양한 꽃모양과 색을 가진 품종이 있다.

✲ 예로부터 탐스럽게 피는 꽃을 감상하기 위해 꽃나무로 이용되었다. 초봄부터 생장이 시작되므로 묘목은 초가을에 심는 것이 좋다. 5월 꽃이 지면 바로 잘라준다. 10월 잎이 떨어지는 시기부터 다음해 잎눈이 트기 전까지가 전정하기에 좋은데, 잎눈과 꽃눈 사이를 잘라 꽃눈이 맨 위에 위치하도록 자른다. 꽃눈이 없는 가지는 맨 밑 잎눈 하나만 남겨두고 잘라 수형을 조절한다. 포기나누기나 접목, 종자로 번식한다.

◀ 작약(*P. lactiflora*): 유사종으로 개화기나 꽃이 유사하지만 전체적으로 크기가 작은 여러해살이초화이다.

무궁화

아욱과 / Rose of Sharon / 중국 남부, 인도

Hibiscus syriacus

유사종의 그리스명 + 시리아 지방

✻ 낙엽 관목으로 높이 2~4m 정도이다. 잎은 어긋나고 마름모꼴의 난형이며 3갈래로 얕게 갈라진다. 꽃은 7~9월 그해 생겨난 가지의 잎겨드랑이에서 순차적으로 밑에서부터 여름 내내 핀다.

✻ 꽃의 모양에 따라 크게 백단심계(흰 바탕에 안쪽이 붉은 계통)와 홍단심계(진분홍 바탕에 안쪽이 붉은 계통), 겹꽃으로 나뉘고 각각에 많은 품종이 있다. 열매는 10월에 익는데 삭과로 장타원형이며 털이 있다.

✻ 더위에 지친 여름의 어느 새벽, 이슬을 머금고 피는 무궁화를 보면 누구라도 그 가치를 의심하지 않을 것이다. 여름철 화사한 꽃을 피우는 꽃나무로서 세력이 강하고 공해에도 잘 견디어 도로변이나 정원에 산울타리나 독립수로 심는다. 화려한 꽃을 즐기기 위해서는 주간을 두어 독립수로 기르는 것이 좋다.

✻ 묘목을 심거나 전정하기에는 잎눈이 트기 전이 좋다. 매년 전년도 가지를 중간 정도 잘라 모양을 다듬어준다. 수형이 너무 커지면 쓰러지기 쉬우므로 중간 정도에서 바짝 잘라주어 모양을 새로 다듬는다. 옮겨심기에 잘 견딘다. 봄철 잎눈이 트는 시기와 장마 후 진딧물 방제가 필요하다. 꺾꽂이나 종자로 번식한다.

▶ 무궁화는 4월말 잎이 나오기 전에 꺾꽂이하여 화분에서 기르면 그해 꽃을 볼 수 있다.

▼ 황근(*H. hamabo*): 남부지방의 해안가에 자생하는 낙엽 소관목이다. 잎은 원형이고 6~8월 노란색 꽃이 핀다.

미선나무

물푸레나무과 / Korean Abelialeaf, White Forsythia / 한국 특산

Abeliophyllum distichum

댕강나무속 잎 + (잎이) 2열로 난

✲ 우리나라 특산의 낙엽 관목으로 1m까지 자란다. 잎은 마주나며 난상 타원형으로 가장자리는 밋밋하다. 꽃은 총상화서이며 흰색 또는 분홍빛이 도는 흰색으로 3~4월에 피는데 향기가 있다. 열매는 원형의 삭과로 6월경에 익는다.

✲ 초봄 은은한 향기와 함께 단아한 흰색의 꽃이 무리지어 피어 아름답다. 오래 기르면 세력이 약해지고 꽃도 잘 피지 않으므로 3~4년 간격으로 늦겨울 또는 꽃이 진 후 바짝 잘라 뿌리에서 새로운 가지가 나오게 함으로써 세력을 갱신해 준다.

✲ 개나리에 비하여 비교적 세력이 약한 편으로 널리 기르고 있지는 않다. 7월경에 꺾꽂이하거나 종자로 번식한다.

박태기나무

콩과 / Chinese Redbud / 중국

Cercis chinensis

그리스어 cercis(칼집: 꼬투리 모양) + 중국의

✲ 낙엽 관목으로 높이 3~5m까지 자란다. 잎은 어긋나고 심장형으로 다소 가죽질이다. 꽃은 산형화서로 잎보다 먼저 4월 하순 보랏빛을 띤 진분홍색으로 핀다. 열매는 편평한 꼬투리로 9월에 익어서 다음해까지 가지에 붙어 있다.

✲ 봄철 잎이 나오기 전에 가지를 따라 빽빽히 달리는 진분홍색의 꽃이 아름다워서 기르고 있다. 건물 주변의 독립수나 산울타리로 이용한다. 종자를 노천매장 후 봄에 직파하거나 포기나누기로 번식한다.

배롱나무

부처꽃과 / Crape Myrtle / 중국

Lagerstroemia indica

인명 + 지명

✽ 낙엽 소교목으로 높이 5~6m 정도이다. 잎은 마주나고 난상 타원형으로 잎자루는 거의 없으며 가장자리는 밋밋하다. 진분홍 꽃은 7~9월 가지 끝에 원추화서로 피고 열매는 삭과로 10월에 익는다. 원줄기는 매끈하고 작은 가지는 각이 진다.

✽ 꽃이 오랫동안 피어 있어서 목백일홍이라고도 한다. 추위에 다소 약하므로 중부지방에서는 짚으로 싸주기도 한다. 자연 수형이 아름다워 전정은 그다지 필요하지 않지만 밑으로 향하는 가지는 세력도 약하고 꽃도 잘 피지 않으므로 자른다. 1월경 채취한 종자를 파종하거나 7~8월 올해 나온 가지를 꺾꽂이하여 번식한다. 개화기간이 긴 꽃과 아름다운 수형과 수피를 이용하여 독립수로 널리 이용하고 있다.

백당나무

인동과 / Cranberry Bush / 한국, 동북 아시아

Viburnum sargentii

라틴명 + Charles S. Sargent(1841~1927)

✲ 3m까지 자라는 낙엽 관목으로 잎은 마주나고 세 갈래로 얕게 갈라지며 약간의 거치가 있고 뒷면에는 털이 있다. 5월 흰색 꽃이 피는데 안쪽에는 양성화가, 가장자리에는 무성화가 있다. 열매는 구형으로 9월에 붉게 익는다.

✲ 꽃이 진 후 바로 밑의 마디에서 Y자 모양으로 가지가 올라오므로 수형 만들기가 쉽다. 특이한 꽃모양과 함께 내음성이 있기 때문에 정원수로 이용한다. 가을철 붉은 열매도 매력적이다. 꺾꽂이가 매우 잘 되고 종자는 1~2개월 정도의 저온 처리에 이어 2~3개월의 상온 저장을 한 후 파종한다.

▼ 불두화(*V. opulus* 'Roseum'): Snowball Bush, 화기 전체가 무성화가 된 종류로서 관상가치가 높아 많이 이용하고 있다.

◀ 수국백당(*V. plicatum* for. *plicatum*): Japanese Snowball, 화기 전체가 무성화로 잎이 둥근 난형이다.

백리향

꿀풀과 / Oriental Thyme / 한국, 일본

Thymus quinquecostatus

그리스어 thyein(향기를 뿜다) + 5개의 주맥

✻ 높이 50cm까지 자라는 낙엽 관목으로 가지가 많이 갈라지고 옆으로 퍼진다. 잎은 난상 타원형으로 마주난다. 잎 양면에 선점이 있고 향기가 난다. 꽃은 7~8월 연보라색으로 핀다. 열매는 핵과로 둥글게 9월에 익는다.

✻ 좋은 향기가 나는 잎을 즐기기 위해서 지피식물이나 암석원 등에 이용한다. 꺾꽂이나 포기나누기로 번식한다.

▶ 섬백리향(*T. quinquecostatus* var. *japonica*) 울릉도에 자생하는 종류이다.

▶ 서양백리향(타임, thyme; *T. vulgaris*) 화분에 심어 허브로 이용하고 있다.

백목련

목련과 / Yulan Magnolia / 중국

Magnolia denudata

프랑스의 식물학자 + 노출된(잎보다 꽃이 먼저 개화)

✲ 낙엽 교목으로 높이 15m 정도이다. 잎은 도란형으로 어긋나고 가장자리는 밋밋하다. 꽃은 흰색으로 3월에 잎보다 먼저 핀다. 열매는 긴 원통형의 골돌과로 9월에 붉게 익고 종자는 주황색이다.

✲ 초봄 개나리, 진달래, 벚꽃과 함께 대표적인 꽃나무로 널리 이용하고 있다. 병충해가 거의 없고 전정하지 않아도 자연 수형으로 아름다워서 기르기에 편하다. 우리나라에서 자생하는 목련을 대목으로 접목하여 번식한다.

▶ 목련(*M. kousa*): 우리나라의 제주도에 자생하는 종류로서 백목련의 대목으로 이용하고 있다.

▼ 백목련(좌)과 목련(우)의 꽃과 잎의 형태적인 차이

▼ 자목련(*M. liliiflora*): 백목련보다 다소 늦게 자주색의 꽃이 피는 종류로 여러 품종이 있다.

병꽃나무

Weigela subsessilis

인동과 / Korean Weigela / 한국, 중국, 일본

독일 식물학자명 + 다소 엽병이 없는

✲ 낙엽 관목으로 높이 2~3m 정도이다. 잎은 도란형으로 가장자리에 잔 톱니가 있다. 꽃은 잎겨드랑이에 1~2개씩 달리는데 깔대기 모양으로 5월에 핀다. 꽃색은 처음에는 황록색이었다가 시들면서 적색으로 변한다. 열매는 삭과로 9월에 성숙한다.

✲ 봄철 나팔 모양의 꽃이 아름다워 정원 등의 독립수나 산울타리로 기르고 있다. 햇빛이 충분하고 배수가 잘 되는 토양을 좋아한다. 맹아력이 좋아서 전정으로 모양을 다듬어 기를 수 있다.

✲ 6~8월 꺾꽂이하면 쉽게 뿌리가 나서 번식된다. 종자가 익으면 즉시 파종하여 번식할 수도 있다.

▶ 붉은병꽃나무의 원예종
(*W. florida* cv.)

▼ 반엽병꽃나무
(*W. florida* 'Variegata')

▼ 삼색병꽃나무
(*W. florida* for. *subtricolor*)

병아리꽃나무

장미과 / Black Jetbead / 한국, 중국, 일본

Rhodotypos scandens

장미(Rhodo)와 모양(typos) + 덩굴성의

✲ 낙엽 관목으로 높이 2m 정도이다. 잎은 마주나고 난형 또는 긴 난형으로 가장자리에 복거치가 있으며 표면은 주름져 있다. 5월 새 가지 끝에서 지름 3~5cm의 흰색 꽃이 1개씩 핀다. 열매는 검은색 타원형으로 9월에 익는다.

✲ 햇빛이나 토양 조건, 대기오염, 옮겨심기에 잘 견디고 병충해도 거의 없어 기르기 쉽다. 잎이 나오기 전인 3월에 심는 것이 좋다. 2년지의 기부에서 신초가 나오므로 오래된 가지는 바짝 잘라준다. 5~8월 올해 나온 가지를 꺾꽂이하여 번식한다. 종자가 발아하기 위해서는 저온 및 상처 처리가 필요한 것으로 알려져 있다.

복사나무

장미과 / Peach / 중국

Prunus persica

plum(자두)의 라틴명 + 페르시아 지방의

✲ 낙엽 소교목으로 높이 6m 정도이다. 잎은 어긋나고 피침형으로 둔한 톱니가 있다. 꽃은 분홍색으로 4월에 핀다. 열매는 알모양의 원형으로 8~9월에 익는다.

✲ 봄철 분홍색의 화려한 꽃을 보거나 과일을 감상 또는 식용을 위해 기른다. 많은 품종이 자가수분을 하지 않으므로 주변에 다른 품종이 있어야 한다. 충실한 과실을 맺게 하기 위해서 5월에 적당히 과실을 솎아준다.

✲ 병충해에 약하므로 치밀한 재배 관리가 필요하다. 잎이 진 후 11월에서 다음해 3월까지 심고 옮겨심기는 바람직하지 않다. 접목으로 번식한다.

부 용

아욱과 / Cotton rose / 중국, 일본

Hibiscus mutabilis

유사종의 그리스명 + 변하기 쉬운(꽃색)

✲ 낙엽 관목으로 높이 1~3m 정도이다. 잎은 난원형으로 3~7갈래로 얕게 갈라지고 어긋난다. 꽃은 8~10월 가지 끝의 잎겨드랑이에서 피는데, 분홍색에서 적색까지 다양하다. 열매는 삭과로 털이 있고 종자는 흑갈색이다.

✲ 한 여름철에 피는 꽃은 오래가지 않지만 계속 피어 아름답다. 추위에 다소 약하므로 중부지방에서는 겨울철에 가지가 말라 죽는 경우가 있어서 11월 토양 표면의 5~10cm 부분에서 바짝 잘라주는 것이 좋다. 종자나 꺾꽂이로 번식한다.

◀ 미국부용(*H. moscheutos*): 부용과 개화기나 형태가 유사하지만 잎이 난형으로 갈라지지 않는 북아메리카 원산의 여러해살이초화이다.

분꽃나무

Viburnum carlesii

인동과 / Koreanspice Viburnum / 한국

라틴명 + 한국 식물 채집가 W. R. Carles

✲ 우리나라에 자생하는 특산 낙엽 관목으로 높이 2m 정도이다. 잎은 마주나고 원형 또는 넓은 난형이며 가장자리에 불규칙한 거치가 있고 성상모가 밀생한다. 꽃은 취산화서로 4~5월에 피는데 분홍빛을 띠는 흰색으로 향기가 좋다. 열매는 달걀 모양의 원형으로 9월에 익는다.

✲ 봄철 풋풋한 향기와 함께 피는 흰색 꽃이 이 나무의 주된 매력이다. 단정한 수형에 꽃향기도 좋아 정원수로 이용할 수 있다. 생장이 더디고 번식이나 옮겨심기가 비교적 쉽지 않다. 6~7월 삽수를 채취한 후 발근촉진제를 처리하여 꺾꽂이 한다.

산딸나무

Cornus kousa

층층나무과 / Kousa Dogwood / 한국, 중국, 일본

corn(라틴어로 뿔: 재질이 단단) + 일본 지방의 방언

▼ 미국산딸나무(*C. florida*)

▼ *C. florida* 'Rubra'

✲ 낙엽 교목으로 높이 7m 정도이다. 잎은 마주나고 난원형 또는 타원상 난형으로 끝이 뾰족하고 가장자리는 밋밋하다. 5~6월 작은 가지 끝에 20~30개의 녹색 꽃이 두상으로 개화하는데 그 주변에 4개의 흰색 총포편이 있어 관상가치가 있다. 열매는 구형으로 9~10월 붉게 익는다.

✲ 꽃을 둘러싼 흰색의 총포편이 오랫동안 붙어 있어서 꽃나무로서 관상가치가 매우 높다. 가지는 층을 이루면서 수평으로 자라서 수관 위로 무리지어 꽃이 피기 때문에 경사지나 건물의 위에 바라보기 좋도록 심는다. 강한 햇살보다는 다소 그늘진 곳에서 기른다. 묘목은 3월에 심는다. 4℃ 이하에서 3개월 저온처리 후 6월경 파종하면 쉽게 발아된다. 7~8월 올해 가지를 채취하여 발근촉진제를 처리한 후 꺾꽂이 하지만 다소 어렵다.

산사나무

Crataegus pinnatifida

장미과 / Large Chinese Hawthorn / 한국, 중국, 일본

그리스어 kratos(힘: 단단한 목재)
+ 잎이 깃털모양으로 갈라진

✽ 낙엽 소교목으로 높이 6m 정도이다. 잎은 난형의 깃털모양으로 깊게 갈라져 있고 가장자리에 톱니가 있다. 5월 산방화서에 흰색의 꽃이 핀다. 열매는 둥근 이과로 9~10월에 붉게 익는데 흰색의 반점이 있다.

✽ 단정하고 둥근 수형에 5월 연녹색의 잎 사이로 피는 수수한 흰색의 꽃과 가을철 붉은 열매가 아름답다. 자연 수형이 아름다워 전정은 하지 않는다. 과피 제거 및 습윤 저온 처리 후 파종하여 번식한다. 열매의 식용 또는 약용을 목적으로 심기도 한다.

산수유

Cornus officinalis

층층나무과 / Japanese Cornel Dogwood 중국

corn(라틴어로 뿔: 재질이 단단) + 약용의

✲ 낙엽 소교목으로 높이 7m 정도이다. 잎은 마주나고 장타원형으로 뒷면에는 털이 밀생하고 있다. 꽃은 산방화서로 3월에 노랗게 핀다. 열매는 적색의 타원형 핵과로 10월경 성숙한다. 가지는 회갈색으로 잘 벗겨진다.

✲ 초봄 아련히 피는 노란 꽃과 가을철의 투명하게 붉은 열매를 감상하기 위하여 기른다. 원정형의 자연 수형이 아름다워 전정은 하지 않는다. 과육을 제거하고 노천매장 후 봄에 파종하여 번식한다. 열매를 약재로 이용하기 위하여 기르기도 한다.

산철쭉

진달래과 / Korean Azalea / 한국

Rhododendron yedoense var. *poukhanense*

붉은(rhodo)과 나무(dendron) + 에도지방(현재의 도쿄) + 북한산의

✻ 낙엽 관목으로 높이 1~2m까지 자란다. 잎은 어긋나고 장타원형으로 거치가 없다. 표면에 약간의 털이 있고 뒷면에는 갈색털이 밀생한다. 꽃은 4~5월 진분홍으로 피는데 위쪽 꽃잎에 짙은 색 반점이 있다. 열매는 삭과로 난형이고 털이 있다. 작은 가지에 갈색 털이 있고 어린 가지는 끈적인다.

✻ 초봄을 지내고 본격적인 신록의 봄을 알리는 우리나라의 대표적인 봄철 꽃나무로서 다양한 종류가 이용되고 있다. 햇빛이 잘 드는 다소 건조한 토양에서 잘 자란다. 공해에 강하고 옮겨심기도 좋다. 자연 수형이 아름다워 전정은 필요하지 않다. 초여름 응애의 피해가 많이 나타나지만 상당한 내성을 가지고 있다. 종자나 꺾꽂이로 번식한다.

◀ 진달래, 산철쭉, 철쭉나무, 왜진달래 잎(왼쪽부터)

▼ 철쭉나무 (*R. schlippenbachii*): 산철쭉보다 다소 늦게 연분홍색 꽃이 핀다. 번식이 어렵다.

▼ 진달래 (*R. mucronulatum*): 산철쭉보다 일찍 잎이 나오기 전에 진분홍 꽃이 핀다.

▼ 왜진달래(*R. obtusum*): 산철쭉과 거의 유사한 시기에 다양한 화색의 꽃이 핀다. 상록성으로 추위에 다소 약하다. 중부지방에서는 분화로 이용되기도 한다.

▲ 왕자색철쭉 (*R. pulchrum*): 꽃이 매우 크며 중부지방에서 주로 분화로 이용되고 있다.

▲ 왜철쭉(*R. indicum*, 영산홍): 철쭉류 중 가장 늦은 5월말에 개화한다. 추위에 다소 약해서 남부지방에서 많이 심는다. 중부지방에서는 분화로 많이 이용한다.

▲ 아잘레아(*R. simsii*): 유럽에서 개량된 상록성 철쭉류로서 화색이 풍부하다.

살구나무

Prunus armeniaca var. *ansu*

장미과 / Common Apricot / 중국

plum(자두)의 라틴명 + 아르메니아 지방 + 일본어 발음 [anzu]

✽ 낙엽 교목으로 6m까지 자란다. 잎은 어긋나고 넓은 타원형 또는 난형이며 가장자리에 불규칙한 톱니가 있다. 꽃은 4월에 개화하며 연분홍색이다. 열매는 6~7월 노란색 구형으로 익으며 식용 및 약용으로 사용된다.

✽ 햇빛이 충분하고 통풍이 잘 되는 곳에서 기른다. 일반적으로는 자연수형으로 기르지만 필요에 따라 전정하며 보통 짧은 가지에 꽃이 피고 열매가 달리므로 전정할 때 유의한다. 옮겨심기는 비교적 쉽지 않다. 초봄에 절접하거나 9월에 아접하여 번식하지만 한두 그루가 필요하다면 접목묘를 구입한다. 관상용 또는 식용으로 기르고 있다.

삼지닥나무

팥꽃나무과 / Paper Bush / 중국

Edgeworthia papyrifera

인명 + 종이를 만드는

✲ 낙엽 관목으로 높이 2m 정도이다. 가지는 갈색으로 3갈래로 갈라진다. 잎은 긴 타원형으로 가장자리는 밋밋하고 뒷면에 털이 있다. 꽃은 3월에 잎보다 먼저 가지 끝에 산형으로 모여 피는데 화관은 노란색이다. 열매는 수과로 7~8월에 성숙한다.

▼ 'Rubra' 품종

✲ 꽃이 끝난 자리에서 분지되어 자라는 습성이 있다. 자연 수형이 단정하고 맹아력이 좋지 못하므로 전정은 필요없다. 도장지는 분기점에서 자른다. 꺾꽂이나 접목으로 번식한다. 예로부터 가지의 섬유로 종이를 만들었다. 정원수나 제지 원료로 이용되며 초봄의 개화기간이 길고 추위에 약하여 주로 남부지방에서 심고 있다.

생강나무

녹나무과 / Japanese Spice Bush / 한국, 중국, 일본

Lindera obtusiloba

스웨덴 식물학자 + 잎 열편의 끝이 둔한

✻ 낙엽 관목으로 높이 7m 정도이다. 잎은 어긋나고 난원형으로 3갈래로 얕게 갈라져 있으며 가장자리는 밋밋하다. 암수딴그루로 전년도 가지의 잎겨드랑이에 산형화서로 향기가 있는 노란색 꽃이 잎보다 먼저 3월에 핀다. 열매는 검은색 구형으로 8~9월에 성숙한다. 가지나 잎을 자르면 향기가 있다.

▲ 생강나무의 수꽃과 열매

✻ 내음성과 내건성이 강한 편이다. 채종 후 과육을 제거한 후 파종하거나 노천매장 후 이듬해 봄에 파종하여 번식한다. 초봄 노란색 꽃과 가을철 노란 단풍이 아름다워 꽃나무로 가치가 있다.

▲ 산수유꽃(꽃자루가 있다)

서 향

Daphne odora

팥꽃나무과 / Winter Daphne / 중국

월계수(laurel)의 그리스 명 + 향기가 있는

✲ 상록 관목으로 높이 1m 내외이다. 잎은 어긋나고 가죽질이며 표면은 광택이 있고 가장자리는 밋밋하다. 2~4월 가지 끝에 10~20개의 꽃이 모여 핀다. 꽃잎이 없고 꽃받침잎의 표면은 흰색이며 뒷면은 자홍색으로 향기가 매우 강하다. 열매는 타원형 핵과로 붉게 익는다.

✲ 산성토나 저습지, 석양빛을 받는 곳은 피하는 것이 좋다. 모양다듬기 후 잘린 정단이 포함된 가지의 밑 잎을 자르고 심으면 쉽게 발근된다. 맹아력이 좋지 않으므로 모양 다듬기 전정에 신경을 기울인다. 음수로 담 밑의 하목이나 산울타리로 남부지방에서 심고 있다.

◀ 무늬서향(*D. odora* var. *marginata*): 잎 가장자리에 연한 황색 무늬가 있다.

▶ 백서향(*D. kuisiana*): 백색의 꽃, 남부지방과 일본에 자생한다.

석 류

Punica granatum

석류과 / Pomegranate Tree / 이란, 파키스탄, 지중해 연안

라틴古名 punicus(칼타고)에서 유래 + 粒狀(종자가 많음)

✻ 낙엽 소교목으로 높이 3~5m까지 자란다. 잎은 마주나고 긴 타원형 또는 도란형으로 거치는 없다. 꽃은 5~6월에 붉은색으로 핀다. 열매는 구형으로 끝에 꽃받침 잎이 남아 있으며 9~10월에 주황색으로 익고 식용 또는 약용한다.

✻ 햇빛이 충분하고 따뜻하며 비옥한 곳에 심는다. 오랫동안 기르면 수형이 다소 산만해지므로 새순이 나오기 전 또는 열매가 익은 후 전정하여 수형을 가다듬는다. 4~6월 옮겨심는다. 종자를 심거나 올해 나온 가지를 7~8월에 잘라 꺾꽂이하여 번식한다. 주로 중부 이남에서 기르고 있다.

수 국

Hydrangea macrophylla for. *otaksa*

범의귀과 / Big Leaf Hydrangea / 일본

hydros(물)와 angion(용기) 합성어
+ 큰 잎의 + 일본의 한 여성 인명

✻ 1~2m까지 자라는 낙엽 관목으로 남부지방의 정원에 심거나 중부지방에서는 화분에 심어 기르고 있다. 잎은 난형 또는 넓은 난형으로 마주나고 가장자리에 큰 톱니가 있다. 꽃은 줄기 끝에 달리며 지름 10~15cm로 크고 둥근 산방화서를 이루는 무성화이다. 꽃은 6~7월에 피며 꽃잎은 거의 없고 꽃받침은 4~5개로 꽃잎 모양이고 푸른 색이다.

✻ 5~7월에 꺾꽂이로 쉽게 번식할 수 있다. 반양지에서 길러야 꽃이 아름답게 핀다. 심각한 병충해가 없어 따뜻한 지방에서 기르면 장마 전후로 멋진 꽃을 볼 수 있다. 꽃이 진 후에는 올해 가지를 밑의 두마디 정도 눈을 남기고 자른다.

✲ 꽃눈은 보통 전년도 가지에 있고 일부 올해 가지에 달리는 특성이 있다. 겨울에서 봄에 걸쳐 오래된 가지나 도장한 가지를 중심으로 밑에서 바짝 잘라 모양을 다듬는다. 식물체가 약하고 다소 다육질이어서 추운 곳에서는 가지의 정단부가 죽고 봄에 밑에서 새로운 가지가 많이 올라오므로 과다한 영양생장으로 인하여 제대로 꽃을 볼 수 없다.

▶ 알칼리성 토양에서는 알루미늄과 같은 금속이온의 흡수가 활발해서 색소가 변하여 꽃잎이 붉은 빛을 띠게 된다.

▶ 꽃받침잎이 겹으로 되어 있는 최근 품종

▶ 중부지방에서도 월동 가능한 산수국(*H. serrata* for. *acuminata*)

수수꽃다리

Syringa dilatata

물푸레나무과 / Early Lilac / 한국, 중국

고광나무속 그리스명의 전용 + 넓어진, 퍼지는

✲ 황해도 이북의 석회암 지역에 자생하는 낙엽 관목으로 3m까지 자란다. 잎은 난형으로 끝이 길게 뾰족하고 마주난다. 가을철 붉은 자색으로 물든다. 많은 줄기가 뿌리에서 나와 덤불을 이룬다. 꽃은 원추화서로 4~5월에 보라색으로 피며 향기가 좋다. 열매는 삭과로 타원형이다.

✲ 다소 서늘한 기후에서 잘 자란다. 한해에 꽃이 너무 많이 피면 해거리가 생기므로 필요에 따라 전년도 가지의 윗부분에 있는 둥근 꽃눈을 잘라서 개화를 조절한다. 꽃이 진 후에는 꽃대를 잘라 열매가 맺히지 않도록 한다. 묘목은 11월 잎이 진 후 또는 3월 잎이 나오기 전에 심는다.

✻ 건조한 사질토양을 좋아한다. 옮겨심기는 쉬운 편이다. 종자를 노천매장한 후 봄에 파종하거나 전년도 또는 올해 가지를 꺾꽂이하여 번식한다. 맹아지를 포기나누기하거나 접목으로 번식할 수 있다.

▶ 라일락(*S. vulgaris*)
유럽 남동부 원산으로 많은 품종이 육성되었다. 수수꽃다리에 비하여 잎 끝이 다소 뭉툭하고 개화기가 늦으며 꽃은 크고 향기가 강한 편이다. 일반적으로 가을철에 단풍이 들지 않고 누렇게 말라서 낙엽진다.

▶ 미스김라일락(*S. patula* 'Miss Kim')
정향나무의 변이종으로 한국에서 수집되어 미국에서 품종화된 왜성종.

▶ 꽃개회나무(*S. wolfii*)
경상도나 강원도 이북의 깊은 산에 자생하는 낙엽 관목이다.

순비기나무

Vitex rotundifolia

마편초과 / Rotundifolia Chaste Tree / 한국, 중국, 일본

라틴어 vieo(매다; 나뭇가지로 바구니를 만듬) + 둥근, 원형의 잎

✻ 상록 덩굴성 관목으로 해안 모래땅에 자생한다. 잎은 원형의 가죽질로 마주나고 표면에는 회백색의 털이 밀생한다. 꽃은 수상 원추화서로 7~9월 자주색으로 개화한다. 열매는 구형의 핵과로 9~10월 흑자색으로 익는다.

✻ 종자를 노천매장한 후 봄에 파종하거나 꺾꽂이하여 번식한다. 내염성이 강하므로 바닷가 조경용 지피식물로 적당하다.

쉬땅나무

장미과 / Ural False Spirea / 한국

Sorbaria sorbifolia var. *stellipila*

*Sorbus*속과 유사 + *Sorbus*속의 잎과 유사한 + 星狀毛의

✽ 낙엽 관목으로 높이 2m까지 자란다. 잎은 어긋나고 우상복엽이며 소엽은 13~25개로 끝이 뾰족하고 복거치가 있다. 꽃은 6~7월 가지 끝에 흰색의 복총상화서로 핀다.

✽ 꽃눈은 올해 가지 끝에 생기므로 초봄 눈이 나오기 전에 전정하여 모양을 다듬는다. 건조한 토양보다는 습하면서 배수가 잘 되는 토양을 좋아한다. 포기나누기로 쉽게 번식되고 올해 가지를 꺾꽂이하거나 종자가 맺히면 즉시 파종하여 번식할 수도 있다. 6~7월 꽃나무의 꽃이 귀한 초여름 흰 꽃송이가 피어 아름답다. 뿌리에서 가지가 잘 올라오고 옮겨심기도 잘 되므로 어린 나무를 심어 길러도 쉽게 풍성한 덤불을 이룰 수 있다. 음지에서도 비교적 잘 견디는 편이다.

아까시나무

콩과 / Black Locust / 북아메리카

Robinia pseudoacacia　　프랑스인 Jean Robin + 아카시아(*Acacia* spp.)와 유사한

✲ 낙엽 교목으로 높이 25m 정도이다. 잎은 어긋나고 기수 1회 우상복엽으로 양면에 털이 없으나 뒷면에 약간 털이 있기도 하며 가장자리에는 거치가 없다. 꽃은 5~6월에 총상화서로 어린가지의 잎 가장자리에 흰색의 꽃이 달리는데 향기가 강하다. 열매는 넓은 선형의 꼬투리로 9월에 익는다. 어린 가지에는 탁엽이 변한 가시가 많이 있다.

✲ 햇빛이 좋은 곳에서는 적절한 수형을 다듬어 가로수로 이용할 수 있다. 과거에는 내공해성이나 내건성이 강하여 척박한 곳에 많이 심었다. 종자를 황산이나 끓는 물, 상처를 처리한 후 파종하거나 뿌리를 잘라 꺾꽂이하여 번식한다.

안개나무

옻나무과 / Smoke Tree / 중국, 히말라야, 남부 유럽

Cotinus coggygria

야생 올리브나무의 그리스명에서 + smoke tree의 그리스명

✻ 낙엽 관목으로 3~5m까지 자란다. 잎은 도란형으로 어긋나고 가장자리는 밋밋하며 털이 없다. 꽃은 5~7월에 원추화서로 핀다. 털이 있는 꽃자루가 오랫동안 남아 있어 마치 안개와 같은 느낌을 준다. 열매는 작은 신장형으로 핵과이다.

✻ 일반적으로 다양한 토양에 잘 적응하지만 배수와 햇빛이 좋지 않으면 잘 자라지 않는 것에 주의한다. 옮겨심기는 싫어하므로 피하는 것이 좋다. 종자는 30~60분간 황산을 처리한 후 3개월간 4℃ 저온을 처리하여 파종한다. 꺾꽂이 번식이 쉽지는 않지만 6~7월에 고농도의 옥신 처리로 발근을 촉진할 수 있다.

앵두나무

Prunus tomentosa

장미과 / Nanking Cherry, Manchu Cherry / 중국

plum(자두)의 라틴이름 + 가는 선모가 밀생하는

✲ 낙엽 관목으로 3m까지 자란다. 잎은 도란형 또는 타원형으로 어긋나고 잎 표면에 잔털이 있고 뒷면에는 흰색의 털이 있으며 가장자리에는 잔톱니가 있다. 꽃은 흰색 또는 연한 분홍색으로 4월에 잎겨드랑이에 1~2개씩 핀다. 열매는 구형으로 6월에 붉게 익는다.

✲ 봄에 잎보다 먼저 피는 향기가 다소 있는 분홍빛 흰 꽃과 초여름 선홍색의 식용 가능한 열매를 관상하기 위하여 기른다. 옮겨심기는 쉬운 편이다. 2개월 저온 저장 후 종자 파종하거나 꺾꽂이, 포기나누기로 번식한다.

영춘화

Jasminum nudiflorum

물푸레나무과 / Winter Jasmine / 중국

쟈스민의 페르시아명 + "벗은" · "꽃"(잎이 없을 때 꽃이 피는)

✻ 낙엽 관목으로 높이 1~3m까지 자란다. 가지는 녹색으로 밑으로 쳐진다. 잎은 3출엽으로 소엽은 긴타원형이고 가장자리는 밋밋하다. 꽃은 끝이 5~6갈래로 갈라진 노란색 통꽃으로 3~4월에 잎보다 먼저 핀다.

✻ 어떠한 장소에서도 비교적 잘 자라지만 햇빛이 좋고 배수가 잘 되는 토양이 기르기에 좋다. 꺾꽂이로 쉽게 번식할 수 있고 포기나누기도 가능하다. 3~5년에 한 번씩 밑을 바짝 잘라 수형을 갱신해준다.

▶ 아라비아자스민(*J. sambac*): 꽃의 향기가 무척 좋아 여름철 분화로 유통되고 있다. 꽃은 말려서 중국 자스민 차에 넣는다.

오동나무

Paulownia coreana

현삼과 / Korean Paulownia / 한국

인명 + 한국의

✽ 낙엽 교목으로 높이 15m 정도이다. 잎은 난상 원형으로 마주나고 뒷면에 갈색의 털이 있다. 꽃은 가지 끝에 원추화서를 이루며 5갈래로 갈라진 통꽃은 엷은 자주색으로 5~6월에 개화한다. 열매는 난형 삭과로 10월에 성숙하여 오랫동안 가지에 붙어있게 된다.

▼ 꽃개오동 (*Catalpa bignoniodes*)

✽ 특별한 관리나 심한 병충해의 피해 없이 다양한 환경에서 잘 자란다. 종자는 별다른 휴면없이 광조건에서 발아하므로 쉽게 번식된다.

옥 매

Prunus glandulosa 'Alboplena'

장미과 / Dwarf Flowering Almond / 중국

plum(자두)의 라틴이름
+ 선(腺:분비기관)이 있는 + 백색의 겹꽃

✻ 정원에서 심고 있는 낙엽 관목으로 1.5m까지 자란다. 잎은 긴타원형으로 마주 나고 가장자리에 잔 톱니가 있으며 잎의 뒷면 맥에 털이 있다. 4월에 잎보다 다소 앞서 흰색의 겹꽃이 잎겨드랑이에 2개 정도 핀다. 열매는 맺지 않는다.

✻ 봄철 화사한 흰색의 꽃이 탐스럽게 나무 가득히 피는 예전부터 길러 왔던 나무이다. 잎이 진 후 오래된 가지나 뿌리에서 올라온 약한 가지는 밑에서 바짝 자른다. 줄기꽂이로 번식한다.

▶ 홍매(*Prunus glandulosa* 'Sinensis')

왕벚나무

Prunus yedoensis

장미과 / Japanese Flowering Cherry / 한국(제주도와 전남 대둔산)

자두(plum)의 라틴명 + 일본의 에도지방

✻ 낙엽 교목으로 높이 15m까지 자란다. 잎은 어긋나고 가장자리에 예리한 톱니가 있으며 잎자루에 두 개의 작은 혹(화외밀선)이 있다. 꽃은 4월 잎보다 먼저 개화하는데 분홍빛을 띤 흰색으로 짧은 산방화서에 5~6개 모여 핀다. 열매는 6~7월 검게 익는다. 수피에는 피목이 발달해 있다.

✻ 화사한 흰색의 꽃이 쭉 뻗은 검은빛 가지 위에 수북이 달리는 초봄의 절정을 알려주는 벚꽃축제의 주인공이다.

* 자연 수형이 둥글게 넓게 퍼지므로 공간이 넓은 곳에 심는다. 전정은 하지 않는다. 생장은 빠르지만 수령이 오래가지 못한다. 2개월 간 종자를 저온처리한 후 파종하거나 올해 나온 가지를 꺾꽂이 또는 뿌리에서 올라오는 흡지를 뿌리와 함께 떼내어 포기나누기하여 번식한다.

▼ 왕벚나무의 멋진 단풍

▶ 주로 습한 곳에서 자라는 왕벚나무의 수피는 세로로 심하게 갈라지면서 나무의 수명이 짧아진다

으름덩굴

Akebia quinata

으름덩굴과 / Five Leaf Akebia / 한국, 중국, 일본

이 식물의 일본명 + 다섯장의

✻ 낙엽성 덩굴식물로 길이 5m까지 자란다. 잎은 장상복엽이고 소엽은 5장으로 긴 타원형이다. 꽃은 4~5월 총상화서에 달리는데 암꽃과 수꽃이 따로 핀다. 골돌상 열매는 장과로 10월에 성숙하는데 식용 가능하다.

✻ 따뜻한 지방에서는 상록성이 되기도 한다. 11월에서 다음해 3월까지가 옮겨심기에 좋다. 햇빛이 충분하고 다소 건조한 곳에 심어야 열매가 잘 달린다. 전년도 가지에 꽃이 달리므로 가을부터는 전정을 하지 않는다. 4월에 환상박피한 후 수태로 싸서 떼어내기(취목)로 번식한다. 올해 가지를 꺾꽂이하거나 포기나누기, 습윤 저온 처리 후 종자를 파종하는 번식도 가능하다.

이팝나무

Chionanthus retusa

물푸레나무과 / Chinese Fringe Tree / 한국, 중국, 일본

"하얀"과 "꽃" + 끝이 뭉툭한

✲ 낙엽 교목으로 높이 20m까지 자란다. 잎은 타원형으로 광택이 있고 다소 두꺼우며 끝이 뭉툭하고 가장자리는 거의 밋밋하다. 꽃은 새 가지 끝에 길이 6~10cm의 취산화서를 이루는데 네 갈래로 얇게 갈라진 흰색 통꽃이 5월에 핀다. 열매는 타원형 핵과로 9~10월에 검게 익는다.

✲ 쌀눈이 온 나무에 가득 뒤덮은 듯 신록의 5월에 장관을 이루는 꽃나무이다. 꽃이 유달리 풍성하게 피는 해가 있다. 햇빛이 충분한 곳에서 잘 자란다. 종자 파종으로 번식한다.

인동덩굴

인동과 / Japanese Honeysuckle / 한국, 중국, 일본

Lonicera japoinca

독일학자 A. Lonitzer + 지명

✲ 반상록성 덩굴식물로 5m까지 자란다. 잎은 난상 타원형으로 유엽은 가장자리가 얇게 파상으로 갈라졌으나 성엽은 밋밋하다. 꽃은 잎겨드랑이에서 1~2개씩 달리고 흰색으로 피었다가 시들면서 노랗게 변하고, 끝이 다섯 갈래로 갈라지는데 그 중 1개가 깊게 갈라져 뒤로 말린다. 6월 장마 전에 피었다가 장마철이 끝난 후 다시 활짝 핀다.

✲ 열매는 둥글고 검은색으로 9~10월에 익는다. 작은 가지는 갈색으로 털이 있고 속이 비어 있다.

✲ 내공해성과 내건성이 강하고 옮겨심기가 쉬워서 쉽게 기를 수 있으나 생육이 왕성하여 너무 번무하면 다른 식물을 침범할 수 있으므로 주의한다. 꺾꽂이로 쉽게 번식할 수 있다.

✻ 덩굴식물의 특성상 어느 물체를 타고 올라가야만 성엽이 나오고 꽃도 핀다. 중부지방에서도 겨울철 반상록성으로 잎이 남아 있고 꽃의 향기가 매우 좋아 꽃나무로 가치가 있다.

▶ 무늬인동덩굴(*L. japonica* var. *aureo-reticulata*): 인동덩굴의 반엽종으로 빛이 충분한 곳에서 잎맥이 선명한 노란색을 띤다.

▶ 붉은꽃인동덩굴(*L. periclymenum* var. *serotina*): 주변에서 많이 심고 있는 원예종으로 인동덩굴과 꽃이 유사하나 꽃 바깥쪽이 붉은빛을 띤다. 인동에 비하여 생육이 약하므로 관리에 유의한다.

▶ *L. sempervirens*: 내한성이 약하여 남부지방에서 간혹 기르고 있는 종류로서 꽃모양이 트럼펫과 같아서 인동덩굴과는 꽃이 사뭇 다르다.

일본목련

목련과 / White Bark Magnolia / 일본, 중국

Magnolia obovata

프랑스의 식물학자 + 도란형의

✻ 일본 원산의 낙엽 교목으로 높이 30m까지 자란다. 잎은 도란상 타원형으로 두껍고 크며 잎 뒷면은 흰빛을 띤다. 꽃은 흰색으로 향기가 있으며 잎이 나온 후 5~6월에 핀다. 열매는 골돌로 9~10월에 성숙한다.

✻ 햇빛이 충분한 곳에서 기르기에 적당하지만 반양지에서도 잘 자란다. 자연 수형이 아름다워 전정은 따로 하지 않는다. 생육이 왕성한 속성수이므로 충분한 공간을 두고 심는다. 종자 파종하여 번식한다.

자귀나무

콩과 / Silk Tree / 한국에서 서남아시아까지

Albizia julibrissin(=Albizzia)

인명 + 지방의 식물명

✲ 낙엽 소교목으로 3~5m까지 자란다. 잎은 우수 2회 우상복엽으로 어긋나고 저녁이 되면 수면운동을 한다. 6~7월에 15~20개의 꽃이 산형으로 달리는데 수많은 연분홍색의 수술이 아름답다. 열매는 9~10월 편평한 꼬투리로 익어 그 다음해까지 가지에 달려 있다.

✲ 가지가 옆으로 자라면서 편평한 수형을 갖추므로 전정은 하지 않는다. 생장이 매우 느린 편이고 중부 이북지방에서는 간혹 동해를 입을 수 있다. 종자 껍질이 단단하여 휴면하므로 황산으로 30분 처리하면 발아가 촉진된다. 봄에 근삽으로도 번식할 수 있다. 건조나 바다 바람에 강하여 해변에 심어도 좋다.

장 미

장미과 / Rose / 교잡종

Rosa x *hybrida*

장미의 라틴명 + 교잡종

✻ 낙엽 관목으로 1~2m까지 자란다. 잎은 기수 우상복엽으로 어긋나고 다소 광택이 있다. 꽃은 5~6월에 피는데 화색과 화형이 매우 다양하다.

✻ 꽃이 지고 나면 7~8월에 올해 올라온 가지를 밑에서 잎 2~3매를 남기고 잘라준다. 정원용 장미는 보통 5월에 개화하지만 여름철 적절히 병충해 관리와 전정을 해주면 가을에 다시 한번 꽃을 볼 수 있다. 다소 서늘하고 다습할 때는 흰가루병이, 고온다습한 여름에는 검은별무늬병이, 건조할 때는 진딧물이 발생하기 쉬우므로 주의한다. 중부지방에서는 추위에 얼어 죽을 수 있으므로 겨울철 관리에 유의한다. 찔레에 접을 붙여서 번식한다. 우리나라에서는 정원용 장미보다 절화 장미 품종이 정원에 많이 심겨 있어 보기에 좋지 않다.

▼ 덩굴장미(*Rosa* x *hybrida* 'Paul's Scarlet Climber'): 6월에 개화하는 대표적인 덩굴장미로 향기는 없으나 생육이 우수하고 우리나라 풍토에 알맞아 널리 기르고 있다.

▼ 정원용 장미 품종(왼쪽)과 주변에의 정원에서 흔히 심고 있는 절화용 장미 품종(오른쪽)의 수형 차이: 정원용 장미 품종은 가지가 여러 갈래로 갈라지고 그 끝에 많은 꽃이 한꺼번에 달려서 아름다운 반면, 절화용 장미 품종은 하나의 강한 가지가 직립하여 뻗어 올라 꽃이 피므로 정원에서는 보기에 좋지 않다.

조팝나무

장미과 / Bridal Wreath Spirea / 한국, 중국

Spiraea prunifolia var. *simpliciflora*

화환을 만드는 식물 +
*Prunus*속과 같은 잎 + 홑꽃

✲ 낙엽 관목으로 1.5~2m까지 자란다. 잎은 타원형으로 어긋나고 가장자리에 잔톱니가 있다. 꽃은 흰색의 산형화서로 4월에 핀다. 열매는 골돌로 9월에 익는다.

✲ 뿌리에서 새로운 가지가 잘 올라와 포기를 이루어 자라므로 전정은 필요하지 않다. 종자나 꺾꽂이, 포기나누기로 번식한다. 모아심거나 길을 따라 열식하면 길게 늘어진 가지에 붙어 피는 흰색 꽃이 매력적이다.

▶ 꼬리조팝나무(*S. salicifolia*)
6~7월 원추화서로 분홍색 꽃이 핀다.

▼ 공조팝나무(*S. cantoniensis*)
중국 원산으로 4~5월 흰색 꽃이 산형상으로 달린다.

▼ 설유화(*S. thunbergii*, 雪柳花)
중국과 일본에 자생하는 식물로 주로 꽃꽂이에서 이용한다.

▶ 일본조팝나무(*S. japonica*)
일본 원산으로 6월 새가지 끝에 진분홍색 꽃이 산방화서로 달린다.

진달래

Rhododendron mucronulatum

진달래과 / Korean Rhododendron / 한국, 중국

rhodo(장미, 붉은)와 dendron(나무) + 끝이 뾰족한

진달래의 잎과 산철쭉의 잎

✲ 낙엽 관목으로 2~3m까지 자란다. 잎은 장타원형 또는 피침형으로 어긋나고 양면에 털이 있다. 다소 광택이 있고 가장자리에 톱니는 없다. 꽃은 분홍색으로 4월에 잎보다 먼저 핀다. 열매는 삭과로 10월에 익는다.

✲ 어느 환경에서도 잘 적응하지만 반그늘이고 수분이 충분하며 통기성이 좋은 부엽질 토양을 좋아한다. 햇빛이 너무 강한 곳에 심으면 꽃색이 다소 퇴색된다. 종자나 꺾꽂이로 번식한다. 봄철 개나리나 왕벚나무와 비슷한 시기에 피어 우리나라 봄철 풍경을 대표하는 식물이다.

◀ 흰진달래(*R. mucronulatum* for. *albiflorum*): 꽃이 흰색이다.

▶ 털진달래(*R. mucronulatum* var. *ciliatum*): 작은 가지와 잎에 털이 있다.

쪽동백나무

때죽나무과 / Fragrant Snowbell / 한국, 중국, 일본

Styrax obassia

storax(安息香을 생산하는 나무) + 일본명

✻ 낙엽 소교목으로 10m까지 자란다. 잎은 원형으로 어긋나고 윗부분의 가장자리에 둔한 톱니가 있다. 꽃은 5~6월 길이 10~20cm의 총상화서에 향기가 있는 흰색의 꽃이 달린다. 열매는 둥근 핵과로 9월에 성숙한다.

✻ 기르기에 이상적인 환경은 반그늘로서 충분한 수분과 유기질이 풍부한 토양이다. 주로 종자로 번식한다.

✻ 유사종으로 때죽나무(*S. japonica*)가 있다.

찔레나무

Rosa multiflora

장미과 / Multiflora Rose / 한국, 일본

장미의 라틴명 + 꽃이 많이 피는

✻ 낙엽 관목으로 높이 2m까지 자란다. 잎은 우상복엽으로 어긋나고 소엽은 타원형 또는 도란형으로 가장자리에 잔 톱니가 있다. 꽃은 흰색으로 5~6월 원추화서에 피는데 향기가 있다. 9월 붉은색의 둥근 열매가 익는다.

✻ 과육을 제거하고 건조시킨 후 모래와 혼합하여 4℃에서 3~4개월 저온 처리한 후 봄에 파종하거나 꺾꽂이하여 번식한다. 생육이 왕성하여 방범용 산울타리나 피복용으로 적당하다. 열매는 새들의 먹이가 되고 겨울에 달려 있어 특징 있는 색감 효과를 주기도 한다. 장미의 대목으로 널리 이용되고 있고 열매는 꽃꽂이 소재로 이용된다.

철쭉나무

진달래과 / Royal Azalea / 한국, 중국

Rhododendron schlippenbachii

붉은(rhodo)과 나무(dendron) + 인명

✲ 낙엽 관목으로 2~5m까지 자란다. 잎은 도란형으로 가장자리에 톱니는 없고 어긋나는데 가지 끝에 4~5개씩 모여난다. 표면에는 처음에 털이 있으나 점차 없어지고 뒷면에는 잎맥에만 갈색의 털이 있다. 꽃은 산형화서로 5월에 연분홍색으로 핀다. 열매는 삭과로 10월에 익는다.

✲ 내음성이 있어서 음지에서도 잘 자라지만 잎과 함께 피어 관상가치가 다소 떨어지므로 햇빛이 충분한 곳에 심는 것이 좋다. 다른 철쭉 종류보다는 중성(pH 6.5~7)에 가까운 토양을 선호한다. 꽃이 지고 난 후 옥신 처리하여 꺾꽂이하거나 종자로 번식 가능하지만 어느 것도 쉽지는 않다.

✲ 영명에서도 알 수 있듯이 외국에서는 그 가치가 높이 인정되고 있지만 우리나라에서 널리 이용되고 있지는 않다. 소백산은 철쭉나무의 군락으로 유명하다.

층꽃나무

Caryopteris incana

마편초과 / Common Bluebeard / 한국, 중국, 일본

그리스어 karyon(견과) + pteron(날개, 열매에 날개가 있음) + 회백색의 털로 덮인

✽ 낙엽 소관목으로 높이 30~60cm 정도이다. 잎은 회록색이고 난형 또는 타원상 난형으로 가장자리에 5~10개의 톱니가 있고 뒷면은 회백색으로 털이 밀생한다. 꽃은 잎겨드랑이에 계단처럼 층을 이루며 취산화서로 달린다. 화관은 엷은 자주색으로 9~10월에 개화한다. 잎과 꽃에는 향기가 있다. 열매는 삭과로 10월에 성숙한다.

✽ 남부 내륙지방이나 섬 지방에 자생하는 작은 나무로서 중부지방에서는 겨울철 지상부가 죽어 숙근초와 같은 형태로 기른다. 햇빛이 충분하고 배수가 좋은 토양에서 잘 자란다. 종자나 꺾꽂이, 포기나누기로 번식한다.

치자나무

Gardenia jasminoides

꼭두서니과 / Cape Jasmine / 중국

Dr. A. Garden + 자스민과 유사한

✲ 상록 관목으로 4m까지 자란다. 잎은 마주나고 장타원형으로 광택이 있다. 꽃은 흰색으로 6~7월 짙은 향기와 함께 핀다. 열매는 세로로 6~7개의 각이 져 9월에 주황색으로 익는다.

✲ 추위에 약하여 남부지방에서는 정원에 심지만 중부지방에서는 화분에 심어 기른다. 옮겨심기는 잘 되는 편이다. 배수가 좋고 유기물이 풍부한 습윤 토양이 좋다. 햇빛이 충분하거나 반양지에서 잘 자라지만 원래 생장속도가 느리다. 꽃눈은 전년도 8~9월에 만들어지므로 열매는 잘라주고 전정에 유의한다. 올해 개화하지 않은 잎눈이 자라 그 끝에 꽃눈이 만들어지거나 개화 후에 새로운 가지가 자라 끝에 꽃눈이 만들어진다. 너무 자란 가지는 밑에 4~5매 잎을 남기고 잘라준다. 6~8월 꺾꽂이하거나 열매에서 종자를 채취하여 파종하면 쉽게 발아된다.

▶ 겹꽃치자나무(*G. jasminoides* 'Fortuniana')

큰꽃으아리

Clematis patens

미나리아재비과 / Patens Clematis / 한국, 중국, 일본

어린 가지(얇은 긴 가지) + 퍼지는, 벌어지는

▲ 으아리의 열매

✲ 낙엽 덩굴식물로 길이 1m 정도이다. 잎은 우상복엽으로 소엽 3~5개로 난상 피침형이다. 꽃은 5월 가지 끝에 1개씩 달리는데 옅은 노란색인 8장의 꽃받침잎이 아름답다.

✲ 여름철에는 직사광선을 받지 않는 반양지로 물빠짐이 좋은 토양에서 기르는 것이 좋다. 전년도 가지는 짧게 잘라 준다. 올해 가지 끝에 꽃이 핀 후에는 가지의 1/3 정도를 잘라 새로운 가지를 나오게 하면 여름까지 계속 꽃이 핀다. 종자를 채취하여 4℃에서 2~3개월 처리한 후 파종하거나 여름철 꺾꽂이로 번식한다.

◀ 원예종 클레마티스(*Clematis* spp.)

태산목

목련과 / Southern Magnolia, Evergreen Magnolia / 북아메리카

Magnolia grandiflora

프랑스의 식물학 교수 Magnol + 큰 꽃

✲ 상록성 교목으로 24m까지 자란다. 잎은 상록성이며 긴타원형으로 어긋나고 표면에 윤택이 있고 뒷면에는 갈색의 털이 있으며 가장자리는 밋밋하다. 5~6월 향기가 강한 흰색의 꽃이 핀다. 열매는 타원형으로 9월부터 익는다.

✲ 추위에 약해서 전남이나 경남 이남에서 기르고 있다. 겨울이나 초봄에 옮겨 심는다. 충분한 햇빛에서 잘 자라지만 반양지에서도 생육이 양호하다. 주로 목련에 접을 붙여서 번식하거나 종자를 3~6개월간 4℃에 저장한 후 파종 혹은 7~9월 유년성 가지를 잘라 고농도 옥신 처리한 후 꺾꽂이하여 번식할 수 있다.

✲ 유사종으로 백목련과 일본목련이 있다.

튤립나무

Liriodendron tulipifera

목련과 / Tuliptree, Tulip Magnolia / 북아메리카

"백합"과 "나무" + 튤립 모양의 꽃이 달리는

* 낙엽 교목으로 높이 30m까지 자란다. 잎은 연녹색으로 어긋나고 끝이 편평하고 네갈래로 얕게 갈라져 있다. 가을철 노란 단풍이 아름답다. 5~6월 녹색 바탕에 노란색과 주황색이 들어간 꽃이 피는데 꽃잎은 6장이고 꽃받침잎은 3장이다. 끝에 날개 달린 종자가 모인 열매는 다음해까지 가지에 달려 있다.
* 햇빛과 수분이 충분하고 배수가 잘 되는 깊은 점질 토양이 좋다. 내공해성이 강하고 생육이 빠르다. 대형 교목이므로 충분한 공간에 심어야 한다. 원추형으로 곧게 자라나 아름다운 자연 수형을 유지한다.
* 옮겨심기는 3~4월에 실시한다. 종자를 11월경 채취하여 건조하지 않도록 저온에 저장하였다가 다음해 4월에 심어 번식한다.

팥배나무

Sorbus alnifolia

장미과 / Korean Mountain Ash / 한국, 중국, 일본

한 식물의 라틴명 + 오리나무속(*Alnus*) 식물의 잎

✲ 낙엽 교목으로 높이 15m 정도이다. 잎은 난형 또는 타원상 난형으로 가장자리에 불규칙한 톱니가 있다. 꽃은 5월 가지 끝에 복산방화서로 핀다. 열매는 타원형 이과로 반점이 있다. 9월에 붉은색으로 익는다.

✲ 습한 조건에서 4℃에 3개월 간 처리 한 후 파종하여 번식한다. 자연 수형이 아름다워 전정은 필요하지 않다. 다소 습하고 배수가 잘 되는 토양이면 어디든 잘 적응하여 생장한다. 직근성이므로 옮겨심기는 어렵다. 가을철 노란 단풍과 붉은색 열매가 아름답다.

✲ 유사종으로 마가목(*S. commixta*)이 있다.

풍년화

조록나무과 / Japanese Witch Hazel / 일본

Hamamelis japonica

"비슷하다(hamos)"와 "사과(melis)"의 합성어 + 국명

✲ 낙엽 관목으로 4m까지 자란다. 잎은 타원형으로 어긋나고 가운데 이상에서 다소 파도처럼 구불거린다. 가을에 노랗게 단풍이 든다. 꽃은 2~3월 잎보다 먼저 노란색으로 피는데 꽃잎은 4개이고 꽃받침잎은 적갈색으로 뒤로 젖혀져 있다. 열매는 삭과로 10월에 익는다. 밑에서 줄기가 많이 올라와 큰 포기를 이룬다. 수피는 회갈색으로 매끄럽다.

✲ 늦겨울에서 이른 봄에 걸쳐 봄을 알려주는 노란색 꽃이 아름다워 기르고 있다. 꽃이 진 다음이 옮겨심기 적기이다. 가지의 끝은 잎눈이므로 그대로 두면 웃자라는 경향이 있다. 6월 이후에는 꽃눈과 잎눈이 구별되므로 너무 웃자란 가지는 잘라준다. 종자를 3개월 동안 고온과 저온으로 반복 처리한 후에 파종하거나 4~5월 삽수를 채취하여 꺾꽂이하여 번식한다.

함박꽃나무

Magnolia sieboldii

목련과 / Oyama Magnolia / 한국, 일본

프랑스의 식물학 교수 Magnol + P. F. van Siebold

✻ 낙엽 소교목으로 4m까지 자란다. 잎은 광타원형 또는 도란형으로 가죽질이며 가장자리는 밋밋하고 어긋난다. 5~6월 밑을 향해 향기가 있는 흰꽃이 피는데 꽃잎은 6장이다. 열매는 난상 원형으로 9월에 익고 종자는 주황색이다.

✻ 주로 산의 계곡에 자생하는 식물이므로 반음지 조건과 습윤하고 양분이 풍부하며 배수가 잘 되는 토양에서 기르는 것이 좋다. 초여름 향기가 있는 흰색의 꽃이 매력적이어서 기르고 있다. 가을에 성숙한 종자를 채취하여 3~6개월 노천매장한 후 파종하거나 접목으로 번식한다.

해당화

Rosa rugosa

장미과 / Rugosa Rose / 한국, 중국, 일본

장미의 라틴명 + 주름진, 물결 모양의

✲ 낙엽 관목으로 다소 늘어지며 1.5m까지 자란다. 잎은 7~9개로 구성된 우상복엽으로 어긋나며 소엽은 윗면에 주름살이 있고 가장자리에 잔 톱니가 있다. 꽃은 5~7월에 붉은색으로 피며 향기가 있다. 열매는 둥근 수과로 8월에 익는다. 가지에 얇은 가시가 밀생한다.

✲ 자생지는 전국의 해변으로 내염성이 있고 건조와 바람에 강하다. 햇빛이 충분하고 배수가 잘 되는 토양이 기르기에 적당하다. 4℃ 정도의 습한 조건에서 3~4개월간 처리한 후 파종하여 번식한다. 숙지삽은 겨울에서 초봄에 채취하여 4℃ 정도의 모래에 저장하였다가 다음해 봄 삽수의 2~3cm만 나오게 꺾꽂이한다. 녹지삽은 7~9월 잎을 맨 위의 것만 남기고 제거한 후 꺾꽂이한다. 옥신을 처리하면 발근이 촉진된다.

협죽도

협죽도과 / Oleander, Rose Bay / 아시아 남부, 지중해 연안

Nerium oleander

식물의 그리스명 + 식물의 이탈리아명

✲ 상록성 관목으로 최대 5m까지 자란다. 잎은 선형으로 가죽질이고 3~4개의 잎이 돌려나며 가장자리는 밋밋하다. 꽃은 7~9월 가지 끝에 취산화서로 피는데 꽃색이 다양하다. 열매는 골돌로 길고 종자에는 연한 갈색 털이 있다.

✲ 해안 조경의 최적 수종으로 추위에는 약하여 남부지방에서 주로 심고 있다. 옮겨심기는 비교적 쉽다. 7월말 꺾꽂이나 종자 파종으로 쉽게 번식할 수 있다. 생장이 빠르고 내건성과 내염성이 강하다. 지역에 따라서는 유도화라고도 한다. 나무 전체에 독성이 있으므로 주의한다.

황매화

장미과 / Japanese Kerria / 중국, 일본

Kerria japonica

영국의 식물학자 W. Kerr + 국명

✲ 낙엽 관목으로 2m까지 자란다. 잎은 타원형으로 어긋나고 가장자리에 이중의 톱니가 있다. 꽃은 4~5월 가지 끝에 한 개씩 노란색으로 핀다. 열매는 검은색으로 9월에 익는다. 어린 가지는 겨울철에도 녹색을 유지한다.

✲ 햇빛을 좋아하지만 너무 강하면 꽃이 퇴색되기 쉬우므로 적당한 햇빛이 닿는 곳이 좋다. 어느 정도 비옥하고 배수가 잘 되는 점토질 토양이 기르기에 적당하다. 2년생 가지에서 짧은 가지가 나와 잎 3매 정도와 함께 꽃이 달린다. 겨울철에 가지 끝이 시들었거나 오래되어 가지 전체가 하얗게 된 것은 제거한다. 3월 잎이 나오기 전에 옮겨심기를 한다. 여름이나 가을에 꺾꽂이하여 쉽게 번식할 수 있다.

▲ 죽단화
(*K. japonica* 'Pleniflora')
겹꽃 품종으로 주변에서 흔히 보인다.

히어리

Corylopsis coreana

조록나무과 / Korean Winter Hazel / 한국

개암나무속(Corylus)과 비슷한(opsis) + 한국 원산의

✲ 낙엽 관목으로 높이 5m 정도이다. 잎은 원형으로 뾰족한 톱니가 가장자리에 있고 표면은 녹색이지만 뒷면은 회백색으로 어긋난다. 가을에 노란색의 아름다운 단풍이 든다. 4월 총상화서로 8~12개의 노란색 작은 꽃이 초롱모양으로 늘어져 핀다. 열매는 삭과이고 종자는 검은색을 띠며 9월에 익는다. 작은 가지는 황갈색으로 특이하게 휘어 있다.

✲ 햇빛이 좋고 다소 습한 곳에서 기른다. 6~8월에 걸쳐 삽수를 채취하여 옥신 처리 후 꺾꽂이하여 번식한다. 종자 번식은 다소 어렵다. 다른 조록나무과 나무처럼 병충해의 피해는 거의 없다.

잎이나 열매,

수형이 아름다운

꽃나무

가중나무

Ailanthus altissima

소태나무과 / Tree of Heaven / 중국

하늘의 나무(ailanto)를 라틴어화 + 키가 매우 큰

✲ 낙엽 교목으로 높이 20~25m정도이다. 잎은 어긋나고 13~30개의 소엽으로 구성된 우상복엽이다. 소엽은 피침형으로 하단부에 2~4개의 둔한 톱니가 있다. 잎의 표면은 녹색이고 뒷면은 연한 녹색이다.

✲ 꽃은 자웅이주 또는 간혹 자웅동주로, 6~7월에 녹색을 띤 흰색의 꽃이 원추화서로 핀다. 수꽃에서는 좋지 않은 냄새가 난다. 열매는 긴 타원형의 시과로 9~10월에 익는다.

✲ 생장속도가 매우 빠르고 열대수목을 연상시키는 시원한 우상복엽이 아름답다. 내공해성이 가장 강한 나무로 알려져 있어 대도시의 가로수로 적당하다. 종자 채취 후 전처리 없이 파종하거나 뿌리를 꺾꽂이하여 번식한다.

감나무

Diospyros kaki

감나무과 / Japanese Persimmon / 중국, 일본

쥬피터신(dios)과 곡물(pyros) + 감의 일본명

✲ 낙엽 교목이다. 잎은 도란형으로 어긋나고 짙은 녹색이며 가죽질로 거치는 없다. 꽃은 양성 또는 단성화로 5~6월에 황백색으로 핀다. 열매는 난원형의 장과로 10월에 주황색으로 익는다. 수피는 검은 회색으로 갈라지며 코르크가 발달된다.

✲ 습기와 햇빛이 충분하고 배수가 잘 되는 곳에서 기른다. 꽃이 진 후 열매를 적당히 솎아주어 해거리를 막는다. 접목으로 번식한다. 일반적으로 자연 수형으로 기른다. 15~40cm의 가지 끝이 꽃눈으로 다음해 봄 여기에서 가지가 나와 결실한다. 열매가 달린 가지는 다음해의 꽃눈을 만들지 않으므로 밑에서부터 바짝 자른다.

◀ 고욤나무(*D. lotus*): 우리나라에 자생하는 수목으로 6월 새 가지의 잎 겨드랑이에 종 모양의 연한 주황색 꽃이 핀다. 주로 감나무 대목으로 이용하고 있다.

계수나무

Cercidiphyllum japonicum

계수나무과 / Katsura Tree / 일본, 중국

'박태기나무(*Cercis*) 속'과 '잎' + 국명

✻ 낙엽 교목으로 높이 25~30m 정도이다. 잎은 심장형으로 마주나며 표면은 녹색이고 뒷면은 연녹색이다. 잎 가장자리에는 둥근 톱니가 있고 엽병은 붉은색이며 가을철 노란색 단풍이 아름답다. 꽃은 암수딴그루로 4월 잎이 나오기 전 마디에 두 개씩 핀다. 열매는 3~5개씩 달리고 종자는 편평하며 한쪽에 날개가 있다.

✻ 적당하게 습윤하고 배수가 잘 되는 토양을 좋아하고 심은 직후에는 충분한 물이 필요하다. 종자 파종하여 번식한다. 어린 모종에서 채취한 당년지 가지를 꺾꽂이하면 발근이 잘 되지만 성목에서 채취한 가지는 발근이 어렵다. 옮겨심기는 다소 어렵다. 둥근 잎과 아름다운 노란색 단풍이 아름다워 녹음수나 정원수로 적당하다.

▶ *C. japonicum* 'Pendula'

광나무

물푸레나무과 / Japanese Privet / 한국, 일본

Ligustrum japonicum

라틴명 + 국명

✲ 상록 관목으로 높이 3~5m까지 자란다. 잎은 마주나고 가죽질이며 긴 타원형이다. 꽃은 복총상화서를 이루며 5~6월에 흰색 꽃이 피는데 다소 향기가 있다. 열매는 검은색의 난원형으로 10월에 익는다.

✲ 다양한 광선 및 토양 환경에서 잘 자라고 맹아력도 좋으며 병충해도 거의 없다. 4~9월에 큰 어려움 없이 옮겨심기가 가능하다. 종자를 파종하거나 6~7월에 꺾꽂이하여 번식한다. 추위에 다소 약하여 주로 대전 이남의 남부지방에서 정원수나 산울타리로 기르고 있다. 유사종으로 쥐똥나무가 있다.

◀ 둥근잎광나무(*L. japonicum* var. *rotundifolium*)
광나무에 비해 잎 끝이 둥글고 잎자루가 짧다.

구상나무

Abies koreana

소나무과 / Korean Fir / 한국 특산

라틴어 abo(높은)에서 유래 + 한국의

✻ 상록 침엽교목이다. 잎은 선형으로 앞면은 짙은 녹색이고 뒷면은 흰색이다. 꽃은 짙은 자주색으로 4~5월에 개화한다. 열매는 구과로 원통형이며 녹갈색 또는 자갈색으로 9~10월에 성숙하는데 열매가 아름다워 다양한 원예종이 개발되었다.

✻ 생육이 더디고 수형이 아름다워 최근 널리 이용되고 있으나 자생지가 한라산이나 덕유산 등의 고산지대이므로 더위에 약해 가능한 서늘한 곳에서 기르는 것이 좋다. 종자로 번식한다.

국수나무

장미과 / Cut Leaf Stephanandra / 한국, 일본

Stephanandra incisa

수술이 관대에서 나온 것을 뜻함 + 깊게 갈라진(잎)

✲ 낙엽 관목으로 높이 1~2m까지 자란다. 잎은 어긋나고 세 갈래로 깊게 갈라져 있으며 가장자리에는 잔 톱니가 있다. 흰색 꽃이 원추화서로 5~6월에 핀다. 열매는 원형으로 8~9월에 익는다.

✲ 햇빛이 충분하거나 다소 그늘진 곳이 기르기에 적당하다. 다양한 토양에 대한 적응력이 높고 옮겨심기도 잘 된다. 바람이 심한 곳에서는 가지 끝이 말라 죽기 쉽다. 가지가 늘어져 땅에만 닿아도 발근된다. 생장기에 가지를 꺾꽂이하거나 저온 처리 후 종자를 파종하여 번식한다.

✲ 국수나무는 줄기의 속껍질을 벗기면 하얀 골속이 드러나는데 이것이 국수와 비슷해 국수나무라고 부르게 되었다고 한다.

굴거리나무

대극과 / 한국, 일본

Daphniphyllum macropodum

월계수(daphne)와 잎(phyllon) + 잎자루가 긴

✻ 상록 교목으로 4~5m까지 자란다. 잎은 가죽질로 표면에는 광택이 있고 뒷면은 회백색이며 돌려난 것처럼 보이지만 가지 끝에 촘촘히 어긋나 있다. 잎자루는 붉은색을 띠어 아름답다. 꽃은 암수딴그루로 4~5월에 암꽃과 수꽃이 따로 핀다. 열매는 짙은 보라색의 핵과로 9~10월 익는다.

✻ 자연 수형이 단정하므로 전정은 하지 않는다. 음지에서 잘 견딘다. 돌려난 듯 보이는 두껍고 밝은 녹색의 잎과 붉은 잎자루가 아름다워 남부지방에서 기르고 있다. 초봄 새로운 잎이 나올 때 특히 아름답다. 암나무에 열매가 달리면 다양한 새들을 유인할 수 있다. 종자를 가을에 채취한 후 습한 모래에 섞어 저장하였다가 다음해 3월 파종하거나 올해 나온 가지를 꺾꽂이하여 번식한다.

귀룽나무

Prunus padus

장미과 / European Bird Cherry, Bird Cherry /
한국, 유럽에서 북아시아 일본까지

plum(자두)의 라틴이름 + 야생 앵두의 그리스명

✻ 낙엽 교목으로 높이 15m까지 자란다. 잎은 어긋나고 타원형으로 가장자리에 잔톱니가 있다. 꽃은 흰색으로 4~5월에 총상화서로 핀다. 열매는 검은색의 핵과로 6월에 익는다.

✻ 생장이 빠르고 음지에서 비교적 잘 견딘다. 봄에 다른 나무보다 잎이 빨리 나와서 녹음을 일찍부터 즐길 수 있다. 종자를 모래와 섞어서 저온 저장 후 봄에 파종하거나 접목으로 번식한다.

금 송

낙우송과 / Umbrella Pine, Japanese Umbrella Pine / 일본 특산

Sciudopitys verticillata

그리스어 skias(우산)과 pitos(소나무) + 돌려나기(잎)

✲ 상록 침엽교목으로 높이 15m까지 자란다. 잎은 선형으로 2개씩 모여나는데 가지 끝에 밀집해 달려서 윤생엽처럼 보인다. 꽃은 암수한그루 딴꽃으로 3월에 핀다. 열매는 난상 타원형의 구과이다. 작은 가지는 가늘고 매끈하며 적갈색을 띤다.

✲ 3~4월이나 9~10월에 심는다. 수형이 원뿔형으로 정돈된 느낌을 준다. 전국적으로 생육이 가능하나 주로 대전 이남의 남부지방에서 기르고 있다. 더운 지역에서는 석양의 햇살을 피할 수 있는 곳이 좋고 바람이 강한 곳에는 심지 않는 것이 좋다. 척박하고 햇빛이 강한 곳에 심으면 잎이 노랗게 되므로 퇴비를 충분히 준다. 자연 수형이 단정한 원추형이라서 전정은 필요없고, 특히 맨 위의 가지는 절대 자르지 않는다.

✲ 17~21℃에서 100일 정도 젖은 모래에 저장하였다가 0~10℃에 90일간 저온 습윤 처리하면 발아율을 높일 수 있다. 2~3월이나 7~8월 삽수를 채취한 후 물에 충분히 담근 다음 꺾꽂이하면 성공률이 높다.

금식나무

Aucuba japonica 'Variegata'

층층나무과 / Gold-dust Tree / 한국, 일본

일본명 靑木(aoki)에서 유래 + 국명 + 반엽의

✲ 상록 관목으로 높이 3m까지 자란다. 잎은 긴 타원형으로 윤기가 있으며 잎 윗부분의 가장자리에는 치아상의 톱니가 있다. 잎 전면에 노란색 반점이 있는데 햇빛이 부족하면 줄어든다. 본 품종은 암그루만 있어 4월 가지 끝에 암갈색을 띤 암꽃이 핀다. 열매는 붉은색 타원형으로 10월에 익는다. 어린 가지는 녹색으로 광택이 있다.

✲ 강한 햇빛과 건조를 싫어하므로 반나절 정도 햇빛이 들어오는 장소에서 기르는 것이 좋다. 옮겨심기는 큰 문제 없으며 공기오염에 강하다. 전년도 가지를 4월에 꺾꽂이하거나 올해 가지가 어느 정도 성숙한 6월 이후에 꺾꽂이하여 쉽게 번식시킬 수 있다. 남부지방의 해안이나 섬 지방에 자생하는 식나무의 반엽종으로 추위에 약하여 남부지방에서 주로 기르고, 중부지방에서는 화분에 심어 기르고 있다.

◀ 원종 식나무

까마귀쪽나무

녹나무과 / 한국, 일본

Litsea japonica

불명 + 국명

✲ 상록 소교목으로 높이 7m까지 자란다. 잎은 긴 타원형이고 표면은 광택이 있는 짙은 녹색으로 뒷면은 회갈색 털이 밀생하여 갈색 빛을 띤다. 꽃은 노란색으로 10월에 올해 올라온 가지의 윗부분 잎겨드랑이에서 핀다. 열매는 타원형으로 다음해 봄부터 푸른 빛을 띤 녹색으로 익는다.

✲ 자연 수형이 아름다워 전정을 하지 않는 것이 좋다. 해풍에 강하므로 남부지방의 해안에 조경용으로 심기에 적당하다. 중부지방에서는 단정한 잎이 아름다워 실내 조경식물로도 일부 이용하고 있다.

꽝꽝나무

Ilex crenata 'Convexa'

감탕나무과 / Japanese Holly / 한국, 일본

*Quercus ilex*의 잎과 비슷하여 유래 + 둥근 톱니의(잎 가장자리) + 볼록한

✻ 상록성 관목으로 높이 3m까지 자란다. 잎은 어긋나고 짙은 녹색으로 두껍고 광택이 있으며 가장자리에는 둥근 거치가 있다. 원종은 잎이 편평하지만 본 품종은 잎이 볼록하게 휘어서 관상가치가 높아 널리 기르고 있다. 암수딴그루로 5~6월 흰색의 꽃이 잎겨드랑이에서 핀다. 열매는 검은색의 핵과로 10월에 익는다.

✲ 빛 환경에 대한 적응력이 높다. 새로운 가지가 성숙되었을 때 전정을 하는데, 비교적 강전정에도 잘 견뎌서 여러 모양을 만들 수 있다. 옮겨심기는 쉬운 편으로 4~6월이나 9~10월이 좋다. 올해 가지는 성숙하는 7~8월에 꺾꽂이하여 번식하면 2년까지는 생육이 더디다가 이후 잘 자란다. 중부지방의 회양목과 유사한 용도로 남부지방에서 많이 기르고 있다. 잎이 두꺼워서 불 속에 던져 넣으면 "꽝꽝"하는 소리가 난다고 하여 꽝꽝나무로 불린다.

✲ 유사종으로 붉은 열매를 관상하기 위해여 기르고 있는 낙상홍과 먼나무, 호랑가시나무가 있다.

낙상홍

먼나무

호랑가시나무

▼ 원종 꽝꽝나무로 잎이 편평하다.

낙상홍

감탕나무과 / Finetooth Holly / 중국, 일본

Ilex serrata

*Quercus ilex*의 잎과 비슷하여 유래 + 잎 가장자리에 톱니가 있는

✲ 낙엽 관목으로 높이 2.5m까지 자란다. 잎은 타원형으로 가장자리에 날카로운 거치가 있다. 암수딴그루로 6월에 연보라색의 꽃이 핀다. 열매는 구형으로 9월에 붉은색으로 익어 겨울까지 달려 있다.

✲ 암수딴그루이므로 가을철 아름다운 열매를 보기 위해서는 암그루를 심어야 한다. 올해 나온 가지를 6~7월에 채취하고 발근촉진제를 처리하여 꺾꽂이하거나 종자로 번식한다. 올해 나온 가지의 마디에서 꽃이 달린다. 짧은 가지에 꽃이 맺히기 쉬우므로 전정할 때 주의한다. 유사종으로 꽝꽝나무와 먼나무, 호랑가시나무가 있다.

◀ 미국낙상홍(*I. verticillata*): 낙상홍보다 수형이 직립성이고 잎의 톱니가 다소 뭉툭하며 열매는 약간 크고 붉다. 꽃꽂이용 절지로 많이 이용된다.

낙우송

Taxodium distichum

낙우송과 / Swamp Bald Cypress / 북아메리카

라틴어 Taxus(주목)와 eidos(닮다) + (잎이) 2열로 난

✲ 낙엽성 침엽교목으로 50m까지 자란다. 잎은 선형으로 깃털처럼 2열로 배열하며 어긋난다. 가을에 황갈색으로 낙엽된다. 암수한그루 딴꽃으로 4월에 꽃이 핀다. 열매는 구형으로 두개씩 달리는데 9월 암갈색으로 익는다.

✲ 햇빛을 좋아하고 토양에 대한 적응성이 높아 습한 곳이나 건조한 곳 어디에서든 잘 자란다. 원추형으로 큰 수형을 가지고 있지만 바람에 매우 강하다. 90일간 저온저장 후 종자를 파종하거나 어린 가지를 꺾꽂이하여 번식할 수 있지만 비교적 성공률이 낮다. 잎은 물론 작은 가지의 일부가 새의 깃처럼 떨어져서 낙우송(落羽松)이라고 한다.

✲ 유사종으로 메타세쿼이아가 있다.

남 천

매자나무과 / Nandina, Heavenly Bamboo / 중국

Nandina domestica

南天의 일본 발음 "nanten"에서 + 재배의

✲ 상록성 관목으로 높이 2m까지 자란다. 잎은 2~3회 우상복엽으로 어긋나고 소엽은 가죽질이며 타원상 피침형으로 겨울철에는 붉게 물든다. 꽃은 가지 끝에 흰색 원추화서로 5~6월에 핀다. 열매는 구형의 장과로 10월에 붉게 익는다.

✲ 햇빛이 충분하거나 그늘진 곳 어디든 잘 자라지만 열매나 단풍을 목적으로 기를 경우에는 충분한 햇빛이 있는 곳이 좋다. 잎을 관상하기 위해서는 꽃이 진 후 잘라주어 열매가 달리지 않게 한다. 열매는 붉게 익어 겨울철 내내 아름답지만 무거워서 가지의 윗부분이 휘어 모양이 산만해질 수 있다. 추위에 다소 약하여 남부지방에서는 주로 큰 용기화분 등에 심고 있다. 2월 꺾꽂이하거나 종자로 번식한다.

녹나무

녹나무과 / Camphor Tree / 한국, 중국, 일본

Cinnamomum camphora

계피의 그리스명 + 장뇌

✲ 생장속도가 빠른 상록 교목으로 20m까지 자란다. 잎은 어긋나고 난상 타원형이며 가장자리는 밋밋하고 표면은 짙은 녹색으로 광택이 있고 뒷면은 회록색이다. 잎을 문지르면 냄새가 난다. 꽃은 원추화서로 다소 향기가 있고 녹색을 띤 흰색으로 5월에 핀다. 열매는 둥근형으로 10월 자줏빛을 띤 검은색으로 성숙하는데 떨어질 때에는 다소 지저분해진다.

✲ 어린나무일 때는 햇빛이 적어도 자라지만 성목이 되면 충분한 햇빛을 필요로 한다. 자연 수형이 아름다워 남해안이나 제주도에서 오래 전부터 녹음수로 널리 이용하고 있다. 3~4월이나 7~9월에 옮겨 심는다. 가을철 과육을 제거하고 실외에 파종하면 다음해 싹이 튼다.

느릅나무

Ulmus davidiana var. *japonica*

느릅나무과 / Japanese Elm / 한국, 일본, 중국

켈트어로 느릅나무(elm) + 인명 + 국명

✲ 생장이 매우 빠른 낙엽 교목으로 높이 30m까지 자란다. 잎은 어긋나고 도란형 또는 타원형으로 끝은 뾰족하고 가장자리에는 복거치가 있다. 잎의 표면은 거칠고 밑의 좌우가 같지 않다. 꽃은 3~4월에 황록색으로 잎보다 먼저 핀다. 열매는 시과로 5~6월 익는다.

✲ 햇빛이 충분한 곳에서 생육이 왕성하고 내공해성이 비교적 강하다. 녹음수나 가로수로 적당하다.

◀ 참느릅나무(*U. parvifolia*)

느티나무

Zelkova serrata

느릅나무과 / Japanese Zelkova / 한국, 일본, 중국

코카서스 식물명에서 유래 + 톱니가 있는

✲ 생장이 매우 빠른 낙엽 교목으로 50m까지 자란다. 잎은 긴 타원형 또는 난형으로 좌우 비대칭이며 가장자리에 톱니가 있다. 꽃은 4~5월 잎과 함께 핀다. 열매는 10월에 편평한 구형으로 익는다.

✲ 햇빛이 충분하며 습윤하고 깊은 토양을 선호한다. 완전히 활착이 되면 바람이나 건조에 강하고 공해에도 어느 정도 내성이 있다. 옮겨심기는 잘 되는 편이다. 우리나라의 중부지방을 대표하는 정자목으로 오래 전부터 마을 어귀에 많이 심었다. 정원수나 공원의 독립수, 가로수, 방풍수, 건축이나 기구, 악기, 조각재로 널리 이용하고 있다. 4℃에서 60일간 저온 처리 후 파종하여 번식한다.

▼ 겨울이 되면 부채살과 같은 멋지게 하늘로 뻗은 느티나무의 자연 수형을 볼 수 있다.

▼ 당산목으로 오래 전부터 신성시 해 온 느티나무

◀ 느티나무가 자연스럽게 마을 어귀의 한 풍경을 이루고 있다.

▶ 가을철 아름다운 느티나무의 단풍은 노란색 계열과 붉은색 계열로 드는 것이 개체마다 달라 특이한 느낌을 준다.

능수버들

Salix babylonica

버드나무과 / Weeping Willow / 중국

라틴명 + 지명

▶ 능수버들의 수꽃, 암꽃, 종자

✲ 낙엽 교목으로 높이 10~25m까지 자란다. 얇은 가지가 늘어지는 것이 특징이다. 잎은 피침형 또는 선형이고 가장자리에는 얇은 톱니가 있고 잎 뒷면은 분백색이다. 3~4월에 잎보다 먼저 또는 동시에 꽃이 피는데 암수딴그루이다. 6월 열매가 성숙하여 털이 있는 종자가 날린다.

✲ 햇빛이 좋은 습윤한 토양을 좋아한다. 생육이 왕성하기 때문에 정원수로 이용할 경우에는 세력이 강해서 위로 뻗는 가지를 전정하여 아름다운 수형을 유지해 주어야 한다. 대기오염이 심한 대도시에서는 여름철에 일부 낙엽이 지기도 한다. 암나무는 6월 털이 있는 종자가 날리므로 수나무를 심는 것이 좋다. 꺾꽂이나 종자로 쉽게 번식할 수 있다.

단풍나무

Acer palmatum

단풍나무과 / Japanese Maple / 한국, 일본

라틴명 + 손바닥 모양의

✲ 낙엽 소교목으로 8m까지 자란다. 잎은 마주나고 5~7개로 갈라져 손바닥 모양을 이룬다. 꽃은 수꽃과 양성화가 있는데 4~5월 산방화서로 핀다. 열매는 두 개의 날개가 있는 시과로 9~10월에 붉게 익는다.

✲ 햇빛이 반나절 정도 들어오는 습윤한 곳에서 길러야 단풍이 아름답게 든다. 자연 수형이 아름다워 보통은 전정을 하지 않지만 필요에 따라 전정을 하는데, 잎이 마주나므로 주간의 굵은 가지는 한쪽을 잘라 어긋나게 만들고 작은 가지는 중심 가지를 잘라 여러 가지로 뻗게 만들어 준다.

✲ 웃자란 가지는 손으로 잘라준다. 옮겨심기는 잘 되는 편으로 11월 잎이 진 후 실시한다. 종자를 마르기 전에 채취하여 파종하거나 7월경 꺾꽂이하여 번식하고, 품종의 경우에는 접목으로 번식한다.

▼ 단풍나무의 꽃과 열매

▼ 홍단풍(*A. palmatum* var. *amoenum* 'Sanguineum'): 일명 노무라(野村)단풍. 잎이 나오면서부터 가을까지 붉은색을 지속하는 품종으로 주변에서 많이 심고 있다.

▼ 세열단풍(*A. palmatum* 'Dissectum')

▼ 붉은세열단풍(*A. palmatum* 'Dissectum Atropurpureum')

담쟁이덩굴

포도과 / Japanese Creeper, Boston Ivy / 한국, 중국, 일본

Parthenocissus tricuspidata

처녀(parthenos)와 덩굴(kissos) +
세 개의(tri-)와 끝이 뾰족한(cuspidate)

✲ 낙엽 덩굴식물로 10m까지 자란다. 잎은 어긋나고 원형으로 어린 잎은 3개의 소엽으로 되어 있으나 성엽은 3갈래로 갈라진다. 꽃은 취산화서로 6~7월에 피며 꽃색은 황록색이다. 열매는 포도송이와 유사한 흑색의 핵과로 8~10월에 익는다. 줄기에는 흡착근이 발달하면서 다른 물체를 타고 올라가야만 성엽이 되고 꽃이 핀다.

✲ 햇빛이 적은 곳에서도 잘 자라지만 붉은 단풍을 보기 위해서는 햇빛이 좋은 곳에 심는다. 옮겨심기는 잎이 없는 시기에 한다. 여름철에 꺾꽂이나 습윤 저온 층적 저장한 종자로 번식한다. 보통 건물이나 담을 피복하기 위하여 심지만 경우에 따라서는 토양피복에 이용하기도 한다.

▶ 유엽과 성엽

▼ 마치 개구리 발과 같은 흡착근

▼ 미국담쟁이덩굴(*P. quinquefolia*): 잎은 다섯 개의 소엽으로 된 장상복엽으로서 줄기에 흡착근이 생기지 않아 물체를 타고 올라가기 어렵다.

담팔수

담팔수과 / 한국, 일본

Elaeocarpus sylvestris var. *ellipticus*

그리스어 elaia(올리브)와 carpos(열매)합성어 + 야생의, 숲의 + 타원형의

✲ 상록 교목으로 높이 20m까지 자란다. 잎은 어긋나고 가죽질로 양면에 털이 없다. 잎의 표면에는 광택이 있고 뒷면은 회녹색으로 가장자리에 파상의 거치가 있다. 오래된 잎은 붉게 물들었다가 떨어진다. 꽃은 흰색의 총상화서로 7월에 핀다. 열매는 타원형 핵과로 9월에 흑색으로 익는다.

✲ 남해안 지역과 제주도에 자생하는 나무로 제주도에서 가로수로 널리 이용하고 있다. 종자를 채취하여 직파하거나 7~8월 꺾꽂이하여 번식한다.

독일가문비나무

Picea abies

소나무과 / Norway Spruce / 유럽 중부, 북부

라틴어 송진(pix)에서 유래 + *Abies* 속

✲ 상록 침엽교목으로 50m까지 자란다. 잎은 상록성으로 단면이 사각상인 선형이고 끝이 뾰족하다. 꽃은 암수한그루딴꽃으로 6월에 핀다. 열매는 구과로 10월에 익으며 밑으로 처진다.

✲ 햇빛이 충분한 곳에 심어야 본래의 원추형 수형을 나타내어 아름답다. 건조한 것을 좋아하므로 배수가 잘 되는 토양에 심는다. 비교적 뿌리가 얕게 뻗어나므로 옮겨심기가 어렵지 않아 서늘한 초봄이나 늦가을에 실시한다. 별다른 처리없이 종자를 직접 뿌려 번식한다. 11~2월에 나무의 밑부분 가지를 채취하여 꺾꽂이 할 수도 있다.

딱총나무

인동과 / Korean Elder / 한국

Sambucus williamsii var. *coreana*

딱총나무(Elder)의 라틴명 + 인명 + 한국의

✲ 낙엽 관목으로 높이 3m까지 자란다. 잎은 5~7개의 소엽으로 된 우상복엽으로 소엽의 가장자리에는 불규칙한 톱니가 있다. 꽃은 가지 끝에 길이 5~11cm 흰색의 원추화서로 4~5월 개화한다. 열매는 7월에 붉게 익는다.

✲ 여름철 붉은 열매가 아름다워 관상용으로 기르고 있다. 저온 처리한 종자나 꺾꽂이로 번식한다.

마가목

장미과 / Japanese Mountain Ash / 한국, 일본

Sorbus commixta

고대 라틴명 + 혼합된

✲ 낙엽 소교목으로 8m까지 자란다. 잎은 우상복엽으로 어긋나고 소엽은 피침형으로 가장자리에는 굵은 톱니가 있다. 꽃은 복산방화서로 5~6월 흰색으로 핀다. 열매는 둥근 이과로 9~10월에 붉게 익는다.

✲ 가을에 아름다운 단풍과 붉은 열매, 단정한 수형이 아름다워 독립수로 기르고 있다. 옮겨심기에는 낙엽 중인 12~3월까지가 적당하다. 자연 수형이 아름다워 전정은 하지 않는다. 종자나 접목으로 번식한다.

✲ 유사종으로 팥배나무(*S. alnifolia*)가 있다.

먼나무

Ilex rotunda

감탕나무과 / Lord's Holly / 한국, 일본

*Quercus ilex*의 잎과 비슷하여 유래 + 원형의

✽ 상록 교목으로 10m까지 자란다. 잎은 어긋나고 가죽질로 타원형이며 가장자리는 밋밋하다. 꽃은 암수딴그루로 3~5월 새 가지에 취산화서로 마디에서 핀다. 열매는 구형으로 10월에 붉게 익는다. 제주도와 전남 보길도에 자생한다.

✽ 햇빛이 충분하고 토양이 다소 습윤한 곳에서 기른다. 생장은 다소 늦지만 대기오염이나 바닷바람에 잘 견딘다. 추위에 약해서 남부지방의 해안이나 제주도에서 붉은 열매를 감상하기 위하여 심고 있다. 겨울철 내내 달려 있는 붉은색 열매가 아름다워 관상수로 기르므로 암나무를 3~4월에 3~5년생 실생묘에 접목하여 번식한다.

✽ 유사종으로 꽝꽝나무와 낙상홍, 호랑가시나무가 있다.

메타세쿼이아

Metasequoia glyptosrtoboides

낙우송과 / Dawn Redwood / 중국

변화(meta)와 *Sequoia*속 + *Glyptostrobus*속 식물과 유사한

✲ 낙엽 침엽교목으로 35m까지 자란다. 잎은 선형으로 마주나고 가을에 황갈색으로 변하면서 낙엽된다. 꽃은 암수한그루딴꽃으로 3월에 핀다. 열매는 도란형 구과로 11월에 익는데 종자에는 날개가 있다.

✲ 햇빛이 충분한 곳에서 기른다. 작은 묘목일 경우 옮겨심기는 쉬운 편이다. 원추형의 자연 수형이 매력적이므로 전정은 하지 않는다. 종자나 꺾꽂이로 번식한다.

▶ 왼쪽이 메타세쿼이아, 오른쪽이 낙우송. 메타세쿼이아가 다소 거친 질감이고 원추형의 수형이 좀더 뚜렷하며 잎의 색이 일시에 변하면서 낙엽된다.

모과나무

장미과 / Chinese Quince / 중국

Chaenomeles sinensis

chiano(갈라지다)와 melon(사과) + 중국의

✻ 낙엽 소교목으로 높이 5~10m 정도이다. 잎은 어긋나고 긴 타원형으로 가장자리에 뾰족한 톱니가 있다. 꽃은 4~5월 분홍색으로 핀다. 열매는 긴 타원형으로 9~10월에 노랗게 익으며 향기가 좋다.

✻ 봄 가지의 기부에서 나온 짧은 가지 끝에 꽃눈이 생겨서 다음해 꽃이 피고 열매가 맺히므로 전정할 때 짧은 가지는 자르지 않는다. 11월 잎이 지면 도장한 가지를 잘라준다. 열매를 잘 맺게 하기 위해서는 두 그루 이상을 심는 것이 좋다. 종자나 꺾꽂이로 번식한다. 붉은별무늬병에 매우 약하므로 향나무가 많은 곳에는 심지 않는다.

백량금

Ardisia crenata

자금우과 / Coralberry, Spiceberry / 한국, 아시아 동남부

그리스어 창 끝(ardis)으로 꽃밥의 형태 + (잎의) 둥근 톱니

✲ 상록 소관목으로 가지는 직립하고 상부에 엉성하게 가지를 내며 1m까지 자란다. 잎은 장타원형으로 어긋나며 짙은 녹색으로 두껍고 광택이 있으며 가장자리의 둥근 톱니가 특징적이다. 7월 작은 가지 끝에 산방상으로 흰색 꽃이 핀다. 열매는 구형으로 10월 붉게 익는다.

✲ 붉은 열매를 감상하기 위해서는 햇빛이 충분한 곳에서 기른다. 주로 화분에 심어 열매를 감상하기 위하여 기르고 있다. 옮겨심기는 5월이 적당한데, 잔뿌리가 적으므로 주의한다. 종자를 성숙하자마자 채취하여 과육을 제거하고 파종하거나, 6~7월 줄기꽂이로 번식한다.

▶ 자금우(*A. japonica*): 줄기가 옆으로 기면서 자란다. 잎 가장자리에 잔 톱니가 있다.

▶ 산호수(*A. pusilla*): 줄기가 옆으로 기면서 자라고 뿌리에서 새로운 가지가 잘 나온다. 잎 가장자리에 굵은 톱니가 있다.

▶ 산호수의 반엽종

백정화

Serissa foetida(= *S. japonica*)

꼭두서니과 / Yellow-rim / 동남아시아, 중국

인명 + 냄새가 좋지 않은

✻ 반상록성 관목으로 높이 1m까지 자란다. 잎은 마주나고 좁은 타원형으로 가장자리는 밋밋하고 중앙의 맥과 가장자리에 노란색 무늬가 다소 들어가 있다. 5~6월 분홍 또는 보랏빛을 띤 흰색 꽃이 핀다. 꽃의 색이나 잎에 들어간 반엽에 따라 일부 품종화되기도 하였지만 명확하게 명명되지 않았다.

✻ 적응력이 높아 다양한 환경에서 기를 수 있다. 맹아력이 강하여 강전정을 해서 모양을 다듬어 기른다. 6월경 모양다듬기 전정 후 자른 가지를 10cm 전후로 잘라 꺾꽂이하여 쉽게 번식한다. 추위에 약해서 주로 남부지방에서 산울타리로 이용하고 있고, 중부지방에서는 무늬가 아름다운 종류를 화분에 심어 기른다.

벽오동

벽오동과 / Chinese Parasol Tree / 동남아시아, 중국, 일본

Firmiana simplex

Karl Josef von Firmian(1716~1782) + 하나의, 갈라지지 않은

✲ 낙엽 교목으로 15m까지 자란다. 수피가 녹색으로 특징적이다. 잎은 어긋나고 긴 난형으로 끝이 3~5개로 갈라지며 가장자리는 밋밋하다. 꽃은 6~7월 원추화서로 핀다. 열매는 갈색으로 익고 종자는 구형이다.

✲ 시원스러운 큰 잎과 녹색의 수피가 아름다워 중부지방 이남에서 기르고 있다. 추위에 다소 약해서 경기 이북에서는 동해를 입기도 한다. 종자 채취 후 직접 파종하여 번식한다.

보리수나무

Elaeagnus umbellata

보리수나무과 / Autumn Elaeagnus, Autumn Olive / 한국, 중국, 일본

그리스명의 오명 + 산형화서로 꽃이 피는

✲ 낙엽 관목으로 높이 3~4m정도이다. 작은 가지는 은빛이 도는 갈색으로 가시가 있다. 잎은 타원형으로 앞면에는 은빛의 작은 점이 있고 뒷면은 은백색이다. 꽃은 산형상으로 5~6월 연한 노란색으로 핀다. 열매는 구형으로 표면에 은빛 점이 있으며 9~10월에 붉게 익는다.

✲ 은빛의 독특한 잎과 향기가 있는 꽃 그리고 식용 가능한 열매 등의 특징과 함께 맹아력이 좋아서 산울타리로 기르기에 적당하다. 햇빛이 좋고 통풍이 잘 되는 곳에 심는다. 올해 자란 충실한 짧은 가지에 꽃눈이 생겨 다음해에 꽃이 피므로 가을철 전정 시 유의한다. 옮겨심기는 잎이 나오기 전인 2~3월에 하는 것이 좋다. 주로 2~3월에 전년도에 생긴 가지를 꺾꽂이하여 번식한다.

▶ 뜰보리수(*E. multiflora*): 주변에서 많이 심고 있는 일본 원산의 나무로서 6~7월에 보리수나무보다 큰 열매가 맺힌다.

◀ 보리수(菩提樹: *Ficus religiosa*): 불교에서 말하는 보리수로서 인도나 동남아시아의 열대나 아열대 지방에서 자라는 고무나무류이다. 추위에 약하여 우리나라에서는 온실에서 길러야 한다.

◀ 피나무(*Tilia amurensis*): 잎의 형태가 불교에서 말하는 보리수와 유사하여 우리나라의 절에서 흔히 심고 있으며 우리나라에 자생하는 나무이다.

복자기

Acer triflorum

단풍나무과 / Three Flower Maple / 한국, 만주

단풍나무의 라틴명으로 갈라진다는 뜻 + 3개의 꽃

✻ 낙엽 교목으로 높이 10~15m 정도이다. 잎은 마주나고 3개의 작은 잎으로 구성된 복엽이다. 작은 잎은 긴 타원형으로 가장자리에는 윗부분에 2~4개의 큰 톱니가 있다. 4~5월 가지 끝에 3개의 꽃이 핀다. 열매는 시과로 9~10월에 익는다.

✻ 수분이 많으면서 배수가 잘 되는 산성토양에서 잘 자란다. 수형이 단정하고 내음성이 있으며 가을철 아름다운 단풍이 매력적이다. 용도는 작은 단독수로서 단풍나무와 유사하다. 주로 종자로 번식한다.

사스레피나무

Eurya japonica

차나무과 / Japanese Eurya / 한국, 중국, 일본

그리스어로 넓은(euru) + 국명

✻ 상록 관목으로 1m까지 자란다. 잎은 타원형으로 어긋나고 가죽질이며 짙은 녹색으로 광택이 있고 뒷면은 황록색이다. 잎 가장자리에는 둔한 톱니가 있다. 꽃은 옅은 황백색으로 3~4월 암수딴그루에 피며 잎겨드랑이에 1~2개씩 밑으로 달린다. 열매는 짙은 보라색의 장과로 10월에 익는다.

✻ 맹아력이 강하므로 알맞게 전정하여 수형을 다듬어서 기른다. 내음성이 강하여 음지에서도 잘 자라지만 단정한 수형을 만들기 위해서는 햇빛이 좋은 곳에서 기른다. 종자를 파종하거나 7월경 가지를 꺾꽂이하여 번식한다. 화환이나 꽃꽂이에서 절지로도 많이 이용하고 있다.

◀ 우묵사스레피나무(*E. emarginata*): 잎이 긴 도란형으로 남부지방에서 산울타리로 많이 이용하고 있다.

사철나무

범의귀과 / Mock Orange / 한국

Euonymus japonica

한 식물의 라틴명 + 국명

✲ 황해도 이남의 바닷가에 자생하는 상록 관목으로 높이는 3m 정도이다. 상록성의 잎은 마주나고 가죽질이며 표면은 짙은 녹색으로 광택이 있고 뒷면은 황록색이다. 6~7월 잎겨드랑이에서 황록색의 작은 꽃이 핀다. 열매는 10월에 익으며 종자는 주황색이다.

✲ 상록성 관목이 적은 중부지방에서 수형을 다듬어 단독수나 산울타리로 많이 이용한다. 내음성이나 내공해성이 강하고 생육도 빠르며 토양에 관계없이 잘 자란다. 가지는 봄철과 초여름, 한여름에 계속 자라나므로 수시로 수형을 적당히 다듬어 준다. 덥고 습한 지역에서는 초여름과 초가을에 흰가루병이 많이 발생한다. 6~8월에 가지를 꺾꽂이하여 번식한다.

✲ 줄사철나무(*E. fortunei* var. *radicans*): 상록 덩굴식물로 추위에도 강하다.

소나무

Pinus densiflora

소나무과 / Japanese Red Pine / 한국, 일본, 만주

소나무의 라틴명 + "치밀한(dense)"과 "꽃(flora)"

* 상록 침엽수로서 높이는 20~30m 정도이다. 잎은 침형으로 2개씩 모여난다. 꽃은 4~5월에 피는데 암꽃은 자주색으로 새로운 가지 끝에, 수꽃은 밑에 핀다. 열매는 원추형으로 다음해 9월에 익는다. 수피가 위로 가면서 붉어져서 적송(赤松)이라고도 한다.

* 붉은 빛을 띠는 아름다운 수간과 침엽수 중에서 비교적 밝은 녹색을 띠는 잎의 조화 등 전체적인 수형이 아름다워서 독립수로 널리 이용하고 있다.

햇빛이 충분하고 다소 건조한 곳에서 기른다. 내공해성이나 옮겨심기에 비교적 약하다. 3~4월에 심는다. 종자로 번식한다.

◀ 반송(*P. densiflora* 'Umbraculifera'): 盤松, 주간의 밑에서 많은 가지가 나와서 우산 모양의 수형을 가진 품종이다.

▼ 곰솔(*P. thunbergii*): 잎은 두 개가 모여난다. 주로 남부지방의 해안가에 자생하여 해송(海松)이라고도 한다. 검은 소나무라는 뜻의 흑송(黑松)이 검솔을 거쳐 곰솔이 되었다. 소나무에 비해 생육이 왕성하고 수간이 검고 두꺼우며 겨울눈이 흰색이다.

▼ 백송(*P. bungeana*): 잎은 세 개가 모여난다. 중국 원산의 수피가 아름다운 소나무의 한 종류이다. 비교적 약하고 생육도 더딘 편이다.

▼ 리기다소나무(*P. rigida*): 잎은 세 개가 모여난다. 생육이 왕성한 북아메리카 원산의 소나무 종류로 불량한 환경에서 잘 자라 한때 척박한 산에 널리 심었다.

송 악

두릅나무과 / Japanese Ivy / 한국, 일본

Hedera rhombea

고대 라틴명 + 마름모 모양의(잎)

▲ 왼쪽 위: 전북 고창의 자생지 전경, 왼쪽 아래: 오른쪽으로 갈수록 성년상 잎
오른쪽 위: 유년상 포기, 오른쪽 아래: 성년상 포기

✽ 상록성 덩굴식물로 10m 정도이다. 잎은 어긋나고 짙은 녹색으로 광택이 있다. 어린 잎은 세 갈래로 얕게 갈라지지만 성엽은 넓은 난형이다. 꽃은 10월에 황록색의 산형화서로 핀다. 열매는 핵과로 다음해 5월에 검게 익는다. 줄기에서 기근이 나와 다른 물체를 타고 올라간다.

✽ 주로 남부지방이나 해안가에 자생하므로 중부지방이나 서울에서는 방한시설 혹은 미기후에 따라 월동이 가능하다. 내음성이 강하다. 종자 파종이나 줄기를 꺾꽂이하여 번식한다.

◀ 아이비(*H. helix*): 유럽 원산으로 많은 반엽 품종이 있어 주로 관엽식물로서 널리 이용되고 있다.

수호초

회양목과 / Japanese Pachysandra / 일본

Pachysandra terminalis

두꺼움(pachy)과 암술(andros) + 맨 끝의(꽃대)

✲ 상록 관목으로 높이 30cm 정도이다. 줄기는 뿌리줄기 형태로 기어가다가 곧게 선다. 잎은 가죽질이고 긴 도란형으로 윗부분에 굵은 톱니가 있으며 어긋나지만 4~6개의 잎이 가지 끝에 모여 있는 것처럼 보인다. 꽃은 3~4월에 줄기 끝에 흰색으로 피는데, 수꽃은 위쪽에 암꽃은 아래쪽에 핀다. 열매는 거의 달리지 않는다.

✲ 강한 광선에서는 잎이 누렇게 되므로 적당히 차광이 되는 곳에 심는다. 봄철 새로운 잎이 나와 완전히 성숙된 후 줄기를 채취한 다음 꺾꽂이하여 번식한다.

▶ 반엽종(*P. terminalis* 'Variegata')

실화백

측백나무과 / Sawara Falsecypress / 일본 원산의 품종

Chamaecyparis pisifera 'Filifera'

chamai(낮게 자라는)와 kyparissos(사이프러스) + pisi(완두)와 fera(생기다) + 실이 있는

✲ 상록 침엽수로 높이 2.5m 정도이다. 잎은 인엽으로 잎이 붙어 있는 작은 가지가 밑으로 길게 늘어져서 부드러운 질감을 준다. 꽃은 원종의 경우 4월에 작은 암꽃과 수꽃이 피지만 본 품종은 거의 피지 않는다.

✲ 단정한 수형과 늘어지는 가지가 독특한 느낌을 주어 정원수로 많이 이용하고 있다. 건실한 생육을 위해서는 충분한 햇빛이 필요하지만 음지에서도 어느 정도 견딘다. 4월이나 7월 꺾꽂이를 하거나 접을 붙여서 번식한다.

▶ 황금실화백(*C. pisifera* 'Filifera Aurea')
새로운 잎이 황금색을 띠는 품종이다.

▼ 주로 남부지방에서 심고 있는 일본 원산의 상록 교목인 화백과 편백

아왜나무

Viburnum awabuki

인동과 / Sweet Viburnum, Japanese Coral Tree / 한국, 일본

한 식물의 고대 라틴명 + 일본명 아와부끼

✲ 상록 소교목으로 높이 10m 정도이다. 잎은 마주나고 타원형이며 표면은 짙은 녹색으로 광택이 있고 뒷면은 연녹색이다. 잎의 가장자리에는 물결 무늬의 거치가 있다. 꽃은 원추화서로 6월에 흰색으로 핀다. 열매는 타원형으로 8~9월에 붉게 익는다.

✲ 음지에서도 비교적 잘 견디지만 아름다운 붉은 열매를 보기 위해서는 햇빛이 충분한 곳에서 기른다. 토양은 습윤하고 비옥한 점질토를 좋아한다. 바닷 바람이나 공해에 강한 편이지만 추위에 약하여 주로 남부지방에서 이용한다. 7~8월 올해 나온 가지가 어느 정도 성숙하면 꺾꽂이하여 번식한다.

양버즘나무(플라타너스)

버즘나무과 / American Plane Tree, Sycamore / 북아메리카

Platanus occidentalis

그리스어 platys(넓다) + 서양의

✲ 낙엽 교목으로 높이 30m 정도이다. 잎은 넓은 난형으로 3~5갈래로 갈라져 있고 가장자리는 간혹 굵은 톱니가 있다. 꽃은 4~5월 둥근 두상화서로 피며 암꽃은 연한 녹색이고 수꽃은 붉은색을 띤다. 열매는 둥근형의 수과로 다음해까지 붙어 있는다.

✲ 내공해성이 비교적 강하여 도심지에서 많이 심고 있다. 맹아력이 좋아서 강전정에도 잘 견디므로 늦가을 적절히 전정하여 수형을 조절해 주어야 한다. 늦겨울이나 초봄에 종자를 파종하거나 봄에 휴면하는 가지를 꺾꽂이하여 번식한다.

▶ 플라타너스 낙엽으로 만든 새

은행나무

Ginkgo biloba

은행나무과 / Ginkgo, Maiden Hair Tree / 중국

일본명 + 둘로 갈라진

✲ 낙엽 교목으로 높이 15~30m 정도이다. 잎은 어긋나고 부채꼴 형태의 맥을 가지고 있으며 가을철 노란 단풍이 아름답다. 꽃은 4월 암수딴그루에 핀다. 열매는 갈색 껍질이 있는 구형이고 종자는 은백색으로 식용 가능하다.

✲ 병충해나 공기오염의 피해가 없는 푸르른 잎과 가을철 아름다운 노란 단풍이 관상가치가 있다. 내공해성이 강하여 특히 중부지방 도심의 가로수로 이용되고 있다. 옮겨심기에 큰 어려움이 없다.

▼ 은행나무의 수꽃과 암꽃

✲ 암나무는 열매가 떨어져 좋지 않은 냄새와 함께 지저분해지므로 관상용으로는 가능하면 수나무를 심는 것이 좋다. 종자나 접목, 꺾꽂이로 번식한다. 꺾꽂이는 3~4월 4~5년생의 굵은 가지를 60~90cm 깊이로 심는다.

▶ 은행나무의 열매

자작나무

자작나무과 / White Birch / 한국, 중국, 일본

Betula platyphylla var. *japonica*

라틴명 + platy(넓다)와 phyllon(잎) + 국명

✻ 낙엽 교목으로 높이 20m까지 자란다. 잎은 삼각상 난형으로 끝이 뾰족하고 가장자리에 치아상의 불규칙한 거치가 있다. 꽃은 꼬리화서로 4~5월에 피며 수꽃은 아래로 늘어지고 암꽃은 위로 향해 핀다. 열매는 9~10월에 익어 밑으로 처지고 종자에는 날개가 있다.

✻ 햇빛이 충분하고 건조하지 않은 곳에서 기른다. 노란색의 가을철 단풍과 은백색의 수피가 아름다워 많이 심고 있으나 내공해성이나 내서성이 약하다는 것에 유념하면 서늘한 지역에 심는 것이 적당하다. 토양에 강한 햇빛이 닿는 것을 막아주는 것이 좋다. 2~3월 잎이 나오기 전에 심는다. 가을에 종자를 채취하여 저온에 두었다가 3월에 파종하여 번식한다.

잣나무

Pinus koraiensis

소나무과 / Korean Pine / 한국, 만주

소나무(pine)의 라틴명 + 한국의

✲ 상록 침엽교목으로 높이 30m까지 자란다. 잎은 상록성 침형으로 5개가 모여난다. 잎색은 짙은 녹색이지만 잎의 밑에 두줄로 기공이 모여 있는 흰줄이 있어 전체적으로 회색빛을 띤다. 꽃은 적자색으로 5월에 개화한다. 열매는 긴 난형으로 다음해 10월에 익으며 식용한다.

✲ 비교적 서늘한 기후를 좋아한다. 수간이 자라면서 분지하는 경향이 있어 관상용 가치가 줄어든다. 종자로 번식한다.

◀ 섬잣나무(*P. parviflora*): 울릉도와 일본에 자생하는 나무로 잎이 짧고 가지 끝에 치밀하게 붙어서 관상용 작은 나무로 많이 이용하고 있다.

◀ 스트로브잣나무(*P. strobus*): 북아메리카 원산으로 환경 내성이 비교적 강하여 중부지방의 도심지에서 많이 심고 있다. 잣나무의 열매에 비하여 작고 밑으로 향하는 차이가 있다.

젓나무

소나무과 / Manchurian Fir / 한국, 만주

Abies holophylla

라틴명 + 갈라지지 않는 잎

✲ 상록 침엽교목으로 높이 40m까지 곧게 자란다. 잎은 선형으로 끝이 매우 뾰족하다. 꽃은 4월에 암꽃과 수꽃이 따로 피고 열매는 원통형의 구과로 10월에 성숙한다.

✲ 서늘한 기후를 좋아한다. 내공해성이 약하여 도심지에서는 건실하게 자라지 못한다. 종자로 번식한다.

▶ 오대산 월정사 입구의 아름다운 젓나무 숲

좀작살나무

Callicarpa dichotoma

마편초과 / Purple Beauty Berry / 한국, 중국, 일본

그리스어 callos(아름다운)와 carpos(열매) + 두 갈래로 갈라진

✽ 낙엽 관목으로 높이 1.5m까지 자란다. 가지는 자라면서 옆으로 퍼지는 경향이 있다. 잎은 마주나고 양끝 뾰족한 타원상 피침형으로 윗부분에 톱니가 있다. 꽃은 취산화서로 6~7월 보라색으로 핀다. 열매는 짙은 보라색의 핵과로 9~10월 익는다.

✽ 수세는 강한 편이지만 건조, 특히 겨울철 건조한 바람을 싫어하므로 부식질이 풍부하고 햇빛이 반나절 정도 들어오는 습윤한 곳에 심는 것이 좋다. 뿌리는 얕은 잔뿌리가 적게 나지만 옮겨심기 쉽다. 가을철 보라색의 열매가 아름다워 단독이나 산울타리로 심고 있다. 전년도 가지를 3월에 꺾꽂이하거나 올해 가지를 6~7월에 꺾꽂이하여 쉽게 번식할 수 있다.

▶ 작살나무(*C. japonica*): 좀작살나무보다 전체적으로 크고 가지가 직립한다. 잎도 크고 작은 가지는 둥글고 털이 거의 없으며 열매가 다소 듬성듬성 맺는다.

▼ *C. japonica* 'Leucocarpa': 작살나무의 열매가 흰색인 품종

주 목

Taxus cuspidata

주목과 / Japanese Yew / 한국, 일본, 만주

라틴명 + 끝이 뾰족한

✲ 상록 침엽교목으로 최대 17m까지 자란다. 잎은 선형으로 표면은 짙은 녹색이고 뒷면은 두 줄의 노란색을 띤다. 꽃은 암수딴그루로서 3~4월 잎겨드랑이에 핀다. 열매는 원형으로 붉은색 육질의 씨껍질(種衣)은 종자를 일부만 둘러싸고 종자는 난원형 갈색으로 9~10월에 성숙한다. 오래된 가지가 선홍색을 띠어 주목(朱木)이라 한다.

✲ 내음성이 강하여 다양한 환경에서 기를 수 있다. 생장속도가 다소 느린 편이지만 새로운 가지는 잘 나온다. 산울타리나 토피어리, 경계식재, 분재 및 차폐용으로 이용한다. 주변에서는 교목상으로 기르기보다는 모양을 다듬어 관목상으로 기르는 경우가 많다. 암그루에서는 가을철의 붉은 열매가 아름답다. 10~11월 익은 열매를 따서 종자를 채취하고 건조하지 않도록 저온 습윤저장 후 봄에 파종하거나, 7~8월 올해 나온 가지를 꺾꽂이하여 번식한다.

▼ 자생지에서의 모습

▼ 암나무(좌)와 수나무(우)

▼ 눈주목(*T. cuspidata* 'Nana'): 밑에서부터 많은 가지가 나와 작은 나무 형태로 자라고 잎은 2열로 나지 않고 윤생엽처럼 다소 돌려난다.

▼ 황금주목(*T. cuspidata* 'Aurescens'): 90cm까지 자라는 작은 나무로 올해 나온 가지의 잎은 밝은 노란색이었다가 서서히 녹색으로 변하는 품종의 수나무이다.

죽절초

Chloranthus glaber

홀아비꽃대과 / Glaber Chloranthus / 한국, 중국, 일본

그리스어 chloros(녹색)과 anthos(꽃) + 털이 없는

✲ 상록성 관목으로 높이 50~80cm까지 자란다. 가지는 자라면서 퍼지고 마디가 볼록하다. 잎은 마주나고 긴 타원형으로 가장자리에 거친 톱니가 있다. 얇은 가죽질로 광택이 있다. 6~7월 줄기 끝에 황록색의 꽃이 핀다. 열매는 구형으로 10~12월에 붉은색으로 익는다.

✲ 직사광선이 닿지 않는 반음지에서 잘 자란다. 오래된 가지를 중심으로 새로운 가지가 나오기 전인 2~3월에 마디 바로 위를 전정한다. 추위에 약하므로 남부지방의 해안가나 제주도에서 이용할 수 있다. 옮겨심기는 바람직하지 않지만 필요에 따라서는 포기나누기를 하면서 4월 또는 8~9월에 옮겨 심는다. 포기나누기나 종자로 번식한다.

중국단풍나무

단풍나무과 / Trident Maple / 중국

Acer buergeriamun

단풍나무의 라틴명으로 갈라진다는 뜻 + 인명 Buerger

✲ 낙엽 교목으로 높이 15m 정도이다. 잎은 마주나고 3갈래로 갈라져 있으며 가장자리는 밋밋하다. 꽃은 산방화서로 4~5월 엽은 황록색으로 핀다. 열매는 시과로 예각으로 벌어진 날개를 가지고 있다.

✲ 햇빛이 충분한 곳에서 기른다. 건조에는 비교적 강하다. 배수가 잘 되는 산성토에 잘 적응한다. 낙엽이 진 후 겨울이나 봄에 옮겨 심는다. 수형이 단정하여 전정은 하지 않는다. 종자를 4℃에서 3개월 저온 처리한 후 파종한다. 성년상 가지는 발근하기 어렵지만 6월에 채취하여 발근촉진제를 처리한 유년상 가지는 발근율이 높다.

▲ 유년상 잎(좌)과 성년상 잎(우)

쥐똥나무

물푸레나무과 / Border Privet / 한국, 일본

Ligustrum obtusifolium

라틴명 + 끝이 뭉툭함(obtuse)과 잎(folium)

✲ 낙엽 관목으로 3m까지 자란다. 잎은 긴 타원형으로 마주나고 가장자리는 밋밋하다. 꽃은 5~6월 복총상화서로 다소 향기가 있는 흰색의 꽃이 핀다. 열매는 구형으로 10월 검은색으로 익는다. 맹아력이 좋아 모양을 다듬기 쉬우므로 중부지방에서 산울타리로 널리 이용하고 있다. 꺾꽂이로 쉽게 번식할 수 있다.

✲ 왕쥐똥나무(*L. ovalifolium*): 기후에 따라서 상록성 또는 반상록성(중부지방)으로 자란다. 잎이 쥐똥나무보다 넓은 편이다. 주변에서는 잎에 무늬가 있는 품종을 많이 기르고 있다.

◀ 왕쥐똥나무 반엽종
(*L. ovalifolium* 'Aureo-marginatum')

측백나무

Thuja orientalis

측백나무과 / Oriental Arborvitae / 한국, 중국

향나무의 그리스명 + 동양의

✻ 상록 침엽 교목으로 높이 20m 정도이다. 잎은 비늘 모양으로 끝이 뾰족한 난형이고 꽃은 4월 난형의 수꽃과 원형의 암꽃이 한그루에서 따로 핀다. 열매는 난원형으로 9~10월 익는다. 가지가 세로로 퍼져 자라서 측백(側柏)이란 이름이 붙었다.

✻ 햇빛이 좋은 곳에 산울타리나 독립수로 심는다. 자연 수형이 단정해서 전정은 필요없지만, 산울타리로 이용할 때는 모양을 다듬기도 한다. 종자는 비교적 발아하기 쉽지만 4℃에서 2개월간 저온처리가 효과적이다. 4월 또는 7~8월에 10~15cm의 가지를 꺾꽂이하여 번식한다.

◀ 황금측백나무(*T. orientalis* 'Aurea Nana'): 새로운 잎이 노란색을 띠는 왜성품종으로 널리 이용하고 있다.

▶ 서양측백나무(*T. occidentalis*): 단정한 수형으로 가지가 가로로 퍼지는 특성이 있다.

층층나무

Cornus controversa

층층나무과 / Giant Dogwood / 한국, 중국, 일본

corn(라틴어로 뿔: 재질이 단단) + 의심스러운

✲ 낙엽 교목으로 높이 20m 정도이다. 잎은 넓은 난형으로 어긋나고 뒷면은 흰색으로 잔털이 많으며 가장자리는 밋밋하다. 꽃은 산방화서로 5월에 흰색으로 핀다. 열매는 둥근 핵과로 9월에 검게 익는다. 계단상으로 가지가 윤생하여 층을 이루어 층층나무라고 한다.

✲ 층을 이루어 넓게 퍼지는 특이한 수형이 아름다워 기르고 있으므로 전정은 필요하지 않다. 종자나 꺾꽂이로 번식한다.

칠엽수

Aesculus turbinata

칠엽수과 / Japanese Horse Chestnut / 일본

라틴어 aescare(먹다) + 터빈 모양의

✲ 낙엽 교목으로 생장속도가 자라면서 점차 빨라져 20~30m까지 자란다. 잎은 마주나며 5~7개 소엽으로 구성된 장상복엽이다. 가장자리에는 복거치가 있고 소엽은 긴 도란형으로 뒷면에 갈색 털이 있다. 가을철 단풍이 아름답다. 꽃은 옅은 노란색으로 원추화서로 5~6월에 핀다. 열매는 갈색 구형으로 10월에 성숙한다.

✲ 자연 수형이 단정하므로 특별히 전정이 필요하지 않다. 겨울이나 초봄 눈이 트기 전에 심는다. 노천매장한 종자를 봄에 파종하거나 가지를 꺾꽂이하여 번식한다. 녹음수나 가로수, 공원 식재로 이용된다.

◀ 서양칠엽수, 마로니에
(*A. hippocastanum*)
형태적으로 유사하나 잎이 칠엽수보다 다소 작고 소엽의 거치가 세밀하다. 꽃은 칠엽수보다 다소 크고 흰색 바탕에 분홍색을 띠며 열매 표면에 가시가 있다.

▼ *A. carnea* 'Briotii': *A. hippocastanum*과 *A. pavia*의 잡종인 *A. carnea*의 원예종으로 붉은색 꽃이 핀다.

탱자나무

운향과 / Trifoliate Orange / 중국

Poncirus trifoliata

레몬류의 프랑스어 poncire에서 유래 + 3개의 잎

✲ 낙엽 관목으로 3~5m까지 자란다. 잎은 3출엽으로 어긋나고 타원형으로 가장자리에 둔한 톱니가 있으며 엽병에 작은 날개가 있다. 꽃은 흰색으로 5월에 핀다. 9~10월에 성숙하는 열매는 노란색 구형으로 향기가 있다. 가지는 짙은 녹색으로 예리한 가시가 있다.

✲ 햇빛이 풍부하고 배수가 잘 되는 산성 토양에서 잘 자란다. 옮겨심기는 쉬운 편이다. 주로 남부지방에서 차폐나 방범용 산울타리로 많이 이용하고 있다. 종자를 4℃에서 3개월간 습하게 저장한 후 파종하거나 여름철 올해 가지를 잘라 꺾꽂이 하여 번식한다.

팔손이

두릅나무과 / Japanese Fatsia / 한국, 일본

Fatsia japonica

일본명 + 국명

✲ 상록 관목으로 높이 2m 정도이다. 잎은 어긋나고 7~9갈래의 손바닥 모양으로 갈라지며 가장자리에 톱니가 있다. 꽃은 10~11월 산형상 원추화서의 흰색으로 핀다. 열매는 구형으로 다음해 4~5월 검은 색으로 성숙한다.

✲ 반음지나 음지에서 잘 자란다. 매우 큰 잎은 강한 바람이나 겨울철 햇빛에 손상될 수 있다. 공해나 바닷바람에 비교적 잘 견딘다. 종자를 채취한 후 즉시 파종하거나 7~8월에 꺾꽂이하여 번식한다. 추위에 약하여 주로 남부지방의 해안가나 제주도에서는 정원수로 이용하고 중부지방에서는 실내식물로 기른다.

◀ 팻츠헤데라(*Fatshedera lizei*): 팔손이(*Fatsia*)와 아이비(*Hedera*)의 속간 교잡종으로 관엽식물로 이용한다.

팽나무

Celtis sinensis

느릅나무과 / Nettle Tree, Sinensis Hackberry / 한국, 중국

단맛의 열매가 달리는 나무의 그리스명에서 전용 + 중국의

✲ 낙엽 교목으로 높이 20m 정도이다. 잎은 난형 또는 긴 타원형으로 어긋나고 윗부분에 둔한 톱니가 있다. 꽃은 5월 잎과 함께 핀다. 열매는 원형의 핵과로 10월 적갈색으로 익는다.

✲ 예전부터 녹음을 위한 독립수로 많이 심어 왔다. 생장이 빠르고 공해나 해풍에 강하여 해변 식재가 유리하다. 분재의 소재로도 많이 이용되고 있다. 종자나 접목, 꺾꽂이로 번식한다.

피라칸사

Pyracantha coccinea

장미과 / Scarlet Firethorn / 서아시아

그리스어 pyr(fire; 붉은 열매)와 acantha(a thorn; 가시) + 진홍색의(열매)

✲ 상록 관목으로 높이 2m 정도이다. 잎은 어긋나고 긴 도란형으로 가장자리에 좁은 톱니가 있고 표면은 광택 있는 짙은 녹색이다. 꽃은 산방화서로 5~6월 흰색으로 핀다. 열매는 10월경 구형으로 열리는데 선홍색~ 등황색 등 품종별로 다양하다. 가지에는 가시가 발달해 있다.

✲ 가을의 붉은 열매가 아름다워 기르므로 충실한 열매를 위해서는 충분한 햇빛이 필요하지만 반음지에서도 상당히 결실한다. 옮겨심기가 쉽지 않으므로 적절한 장소를 선정하여 심는다. 맹아력이 강하여 수형이 불규칙하게 되므로 연중 적절한 전정이 필요하다. 추위에 다소 약하여 남부지방에서는 주로 산울타리로 이용하고 있다. 올해 가지를 6~9월에 꺾꽂이하여 쉽게 번식한다. 종자는 3개월간 4℃에서 저온 처리한 후 파종한다.

향나무

Juniperus chinensis

측백나무과 / Chinese Juniper / 한국, 중국, 일본

라틴명 + 중국의

✻ 상록 침엽교목으로 높이 20m까지 자란다. 잎은 유년상일 때는 침엽이었다가 성년상이 되면서 인엽이 된다. 꽃은 4월에 주로 암수딴그루에 갈색으로 핀다. 열매는 구형으로 9~10월 암갈색으로 익는다.

▶ 유년상 잎(침엽)과 성년상 잎(인엽)

✻ 햇빛이 풍부하고 비옥한 다소 건조한 토양을 좋아한다. 옮겨심기는 비교적 쉬워 3~4월에 실시한다. 가지를 자르면 새로운 눈이 잘 나오므로 전정으로 모양을 다듬어서 기르기 좋다. 3~5월 전정한 가지를 이용하여 꺾꽂이로 번식한다. 종자나 접목으로 번식하기도 한다. 향나무는 배나무와 같은 일부 장미과 나무에서 심각하게 나타나는 붉은별무늬병(적성병) 곰팡이의 겨울철 숙주이므로 그 주변에는 심지 않는 것이 좋다.

▼ 눈향나무(*J. chinensis* var. *sargentii*): 고산에 자라는 포복성 관목으로 기본종에 비하여 침엽이 작다. 햇빛이 풍부한 곳에서 지피식물로 이용한다.

▼ 둥근향나무, 옥향(*J. chinensis* 'Globosa'): 곧게 자라지 않고 밑에서 여러 개의 가지로 갈라져 둥근 수형을 가진 수나무 품종이다. 중부지방에서 널리 이용하고 있다.

▶ 가이즈까향나무(*J. chinensis* 'Kaizuka') : 기본종보다 밝은 녹색의 인엽이 주로 나오는 품종으로 특유의 모양으로 전정하여 정원에서 많이 심고 있다. 원래 가지는 직립하면서 나선형으로 돌려 자라 나사백(螺絲柏)이라고도 한다. 더위와 바닷바람에도 잘 견딘다.

▼ 향나무류 나무로 가득 찬 중부지방의 한 정원

호랑가시나무

감탕나무과 / Chinese Holly / 한국, 중국

Ilex cornuta

*Quercus ilex*의 잎과 비슷하여 유래 + 각이 있는(잎)

✽ 상록 관목으로 높이 2~3m 정도이다. 잎은 어긋나고 광택이 있는 가죽질로 가장자리는 각이 져서 예리한 가시가 발달해 있다. 꽃은 암수딴그루로 4~5월 잎겨드랑이에 옅은 노란색으로 핀다. 열매는 구형으로 9~10월에 붉게 익는다.

✽ 햇빛이 충분한 곳에서 기른다. 건조와 더위에 매우 강하다. 추위에 약하여 주로 남부지방에서 방범용 산울타리로 기르고 있다. 발근촉진제를 처리하고 꺾꽂이하여 번식한다. 유사종으로 꽝꽝나무와 먼나무 등이 있다.

▶ 호랑가시나무의 암꽃(위)과 수꽃(아래)

홍가시나무

장미과 / Japanese Photinia / 중국, 일본

Photonia glabra

그리스어 Photos(빛; 반짝이는 잎) + 털이 없는

✲ 상록 소교목으로 높이 3~5m 정도이다. 잎은 가죽질로 긴 타원형이고 가장자리에는 얇은 톱니가 있다. 꽃은 5~6월 새 가지 끝에 흰색으로 핀다. 열매는 난형으로 가을에 붉게 익는다.

✲ 빛이 충분하고 배수가 잘 되는 토양을 좋아한다. 강전정에도 잘 견디므로 3~4월 새순이 나오기 전과 8월경 모양을 다듬어서 기른다. 4~5월 붉은 새순이 아름다워 남부지방에서 산울타리로 이용하고 있다. 추위에 약하므로 주로 남부지방에서 기른다. 7~8월 올해 나온 충실한 가지를 잘라 꺾꽂이하여 번식한다.

화살나무

Euonymus alata

노박덩굴과 / Winged Euonymus / 한국, 북동 아시아

한 식물의 라틴명 + 날개가 있는

✲ 낙엽 관목으로 1.5~3m까지 자란다. 잎은 다소 긴 도란형으로 마주나고 가장자리에 잔 톱니가 있다. 꽃은 5~6월 옅은 녹황색으로 핀다. 열매는 삭과로 10월에 붉게 익는다. 가지는 녹색으로 2~4열의 코르크질 날개가 있어 독특하다.

✲ 가을철 붉게 물드는 아름다운 단풍과 독특한 모양의 가지에 관상가치가 있다. 적절한 전정으로 모양을 다듬어 산울타리로 많이 이용한다. 실뿌리가 많고 뿌리도 잘 자라서 어렵지 않게 옮겨심기를 할 수 있다. 종자는 세척한 후 1~3개월간 저온 저장 후 파종하거나, 2~3월 꺾꽂이하여 번식한다.

회양목

회양목과 / Korean Boxwood / 한국

Buxus microphylla var. *koreana*

라틴어로 상자(buxas) + 작은 잎의 + 한국의

✲ 상록 관목으로 높이 7m 정도이다. 잎은 마주나고 가죽질로 표면은 녹색이고 뒷면은 황록색이며 가장자리는 밋밋하다. 3~4월 가지 끝이나 잎겨드랑이에 연노란색 꽃이 피는데, 몇 개의 수꽃 가운데에 암꽃이 모여 핀다. 열매는 삭과로 6~8월에 익어 갈라지면서 검은색 종자가 나온다.

✲ 관상가치는 중부지방에서도 월동 가능한 상록성 잎과 촘촘한 가지이다. 햇빛이 충분하고 다소 습한 토양을 좋아한다. 햇빛이 좋은 곳에서는 겨울철 잎이 갈색으로 변하므로 변하지 않는 품종을 심는 것이 좋다. 주로 중부지방에서 모양을 다듬어 산울타리로 이용한다. 올해 가지가 성숙된 여름 이후 꺾꽂이하여 번식한다.

회화나무

콩과 / Scholar Tree, Japanese Pagoda Tree / 중국

Sophora japonica

아라비아명 + 국명

✲ 낙엽 교목으로 높이 25m까지 자라고 수형은 원형 또는 타원형으로 아름답다. 잎은 우상복엽으로 어긋나고 작은 잎은 긴 난형이며 가장자리는 밋밋하다. 7~8월 노란 빛을 띤 흰색의 작은 꽃이 무수히 핀다. 열매는 꼬투리 모양으로 9~10월에 익는다. 어린 가지는 녹색이고 회색의 피목이 발달한다.

✲ 관상가치는 부드러운 질감을 주는 연한 녹색의 우상복엽과 단정한 수형, 여름철 아련히 피는 수수한 꽃이다. 공해에 비교적 강하여 대도시의 가로수로 적당하다. 필요에 따라 가을철 전정으로 수형을 만들 수 있다. 옮겨심기는 3~4월에 실시하는데 비교적 싫어하는 편이다. 종자를 채취한 즉시 물에 불린 후 파종하여 번식한다.

후피향나무

Ternstroemia gymnanthera

차나무과 / Japanese Ternstroemia
/ 한국, 중국, 일본, 동남아시아

인명 + 노출됨(gymno)과 약(葯; anthera)

✲ 상록 소교목으로 높이 8m 정도이다. 잎은 짙은 녹색이고 가죽질로 긴 도란형이며 가장자리는 밋밋하다. 꽃은 6~7월 황백색으로 핀다. 열매는 구형의 장과로 9~10월 붉게 익는다.

✲ 관상가치는 짙은 녹색의 잎과 단정한 수형에 있다. 건물의 북쪽이나 동쪽과 같은 반음지에서 잘 자란다. 양지에서도 잘 자라지만 겨울철 잎색이 변하기 쉽다. 추위에 약하므로 주로 남부지방의 해안가나 제주도에서 기른다. 봄에 종자를 파종하거나 늦여름이나 가을에 채취한 가지를 꺾꽂이하여 번식하는데, 생육이 매우 느려 정원수로 이용하기까지는 많은 시간이 필요하다.

◀ 잎은 가지 끝에 돌려난 것처럼 모여난다.

흰말채나무

층층나무과 / Tatarian Dogwood / 한국 북부지방, 시베리아, 만주

Cornus alba

corn(라틴어로 뿔: 재질이 단단) + 흰색의(열매)

✻ 낙엽 관목으로 높이 3m 정도이다. 잎은 난상 타원형으로 마주나고 가장자리는 밋밋하며 측맥은 6쌍이다. 꽃은 5~6월 가지 끝에 황백색으로 핀다. 열매는 타원형으로 8~9월 흰색으로 성숙한다. 가지는 붉은 빛을 띤 녹색이었다가 잎이 지는 가을부터 붉은색을 띠게 된다.

✻ 관상가치는 무엇보다도 잎이 진 후 붉은 빛을 띠는 가지이므로 주로 중부지방에서 산울타리로 이용한다. 수염뿌리이므로 옮겨심기는 비교적 쉽다. 필요에 따라 늦겨울에 바짝 잘라서 선명한 붉은 빛의 새로운 가지를 낸다. 꺾꽂이로 뿌리가 잘 나므로 6~7월 꺾꽂이하여 번식한다.

▶ 잎이 진 후 가지의 모습
오른쪽은 노랑말채나무(*Cornus sericea* 'Flaviramea')

히말라야시더(개잎갈나무)

Cedrus deodara

소나무과 / Deodar Cedar, Himalayan Cedar / 히말라야 서부 지역

라틴명 + 神木

✲ 상록 침엽교목으로 높이 30m 정도이다. 잎은 침엽으로 15~20개의 잎이 모여 나고 끝이 뾰족하다. 꽃은 10월 암수꽃이 따로 핀다. 열매는 난원형 구과로 다음해 10월에 적갈색으로 익는다.

◀ 히말라야시더의 성숙 열매

✲ 직립성의 큰 나무로 어린 가지가 밑으로 처지면서 장엄한 느낌을 주는 수형의 관상가치가 높다. 배수가 잘 되며 바람이 적고 다소 건조하며 햇빛이 좋은 곳을 선호한다. 옮겨심기는 쉽지만 대기오염에는 다소 약하다. 종자를 4℃에서 2주간 저온처리한 후 파종하거나, 10~11월 가지를 채취하여 발근촉진제와 삽상을 데우면서 꺾꽂이하여 번식한다. 뿌리가 얕게 자라 강한 비바람에 넘어지기 쉬우므로 필요에 따라 전정하여 수형을 다듬는다.

부록

용어 설명

성 상

✱ **관목**(灌木, shrub)

중심 줄기(수간) 없이 밑에서 여러 가지가 나와서 교목과 같은 수형을 이루지 않고 보통 높이가 3m 이하인 목본식물. 개나리, 진달래 등

✱ **교목**(喬木, tree)

높이가 최소한 3m 이상으로 중심 줄기가 있고 어느 정도의 높이에서부터 분지되어 독특한 수형을 이루는 목본식물. 느티나무, 소나무 등

✱ **흡지**(吸枝, sucker)

뿌리에서 나온 가지. 관목에서 주로 발생하지만 생육상태가 불량한 교목에서도 발생하는 경우가 있다. 일반적인 방법으로 번식이 잘 되지 않는 경우 이것을 분리하여 번식하기도 한다.

잎

✱ **가죽질**(革質, leathery leaf)

잎이 비교적 두껍고 표면에 왁스층이 발달되어 있어서 마치 가죽과 같이 생긴 잎으로 주로 상록성 잎에서 많이 나타난다.

✽ 잎차례(葉序, phyllotaxis): 줄기 위에 잎이 배열되는 것으로 잎이 줄기에 어긋나게 붙어 있는 어긋나기(互生), 잎이 줄기에 마주나게 붙어 있는 마주나기(對生), 잎이 줄기에 3장 이상 돌려나는 돌려나기(輪生)로 구분한다. 장미과 · 콩과 등 많은 식물은 어긋나기, 물푸레나무과 · 단풍나무과 · 인동과는 마주나기, 협죽도 등은 돌려나기(輪生)에 해당한다.

어긋나기(호생)

마주나기(대생)

돌려나기(윤생)

✽ 복엽(複葉, compound leaf)

줄기의 한 마디에 붙어 있는 잎이 둘 이상의 작은 잎으로 구성되어 있는 경우로, 깃털모양으로 한 축을 중심을 양쪽으로 작은 잎이 붙어 있는 우상복엽(羽狀複葉)과 손가락 모양으로 한 점을 중심으로 둥글게 작은 잎이 붙어 있는 장상복엽(掌狀複葉)으로 구분한다. 장미, 아까시나무 등의 잎은 우상복엽이고 칠엽수, 으름덩굴 등의 잎은 장상복엽이다.

우상복엽(좌)과 장상복엽(우)

✽ 바늘잎(침엽)

침엽수의 가지가 유년상일 때 달리는 가시처럼 날카로운 잎으로, 비늘잎(인엽)은 가지가 성년상일 때 달리는 부드러운 잎을 말한다.

침엽수의 바늘잎(좌)과 비늘잎(우)

꽃차례

총상화서(總狀花序, raceme)

밑에서부터 피는 꽃의 소화경이 중심 축에 붙어 있는 무한화서

수상화서(穗狀花序, spike)

작은 꽃이 중심 축을 중심으로 밑에서부터 피는 화서

산방화서(傘房花序, corymb)

다소 편평한 끝을 가진 무한화서로서 밖에서부터 꽃이 피는 화서

산형화서(傘形花序, umbel)

축의 한 점에서 소화경이 나와서 그 끝에 꽃이 피는 다소 편평한 끝을 가진 무한화서로서, 우산 살과 같은 형태를 갖고 있다.

원추화서(圓錐花序, panicle)

중심 축에서 분지된 2차분지에 소화경과 꽃이 달리는 무한화서로서 전체 모양이 원추형 형태를 띤다.

취산화서(聚散花序, cyme)

다소 끝이 편평하고 중앙의 꽃이 먼저 피기 시작하는 유한화서

미상화서(尾狀花序, catkin)

단성의 꽃잎이 없이 포엽으로 둘러싸인 수상화서 형태의 길게 늘어진 화서로서 주로 참나무과나 버드나무과, 자작나무과와 같은 목본식물에서 많이 나타난다.

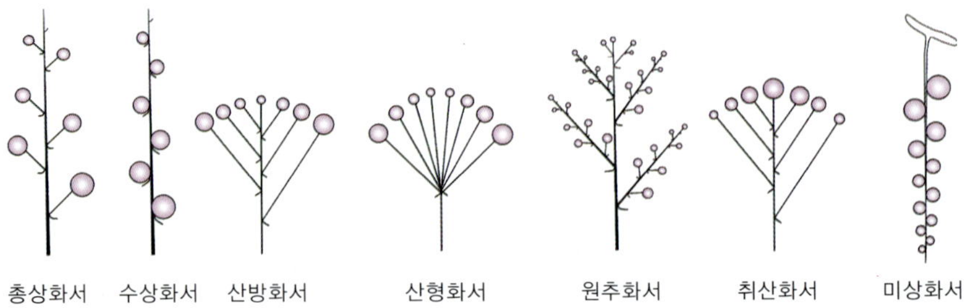

열 매

✻ 골돌과(follicle)

하나의 암술부분에서 유래되어 봉합선을 따라 갈라지는 건조 열매로서 그 안에 보통 다수의 종자가 있다. 백목련 등

✻ 삭과(capsule)

두 개 이상 암술부분의 복합 자방에서 유래한 건조 열매. 무궁화 등

✻ 수과(瘦果, achene)

한 실에 한 개의 종자가 들어 있는 건조 열매. 양버즘나무 등

✻ 시과(翅果, samara)

하나 또는 두 개의 종자가 있는 건조 열매로서 바람에 날리도록 열매의 일부가 날개처럼 발달되어 있다. 단풍나무 등

✻ 이과(梨果, pome)

꽃받침 등의 화기부분이 발달하여 만들어진 단순 육질과. 산사나무, 배, 사과 등

✻ 핵과(核果, drupe)

하나의 암술부분에서 유래한 세 층으로 구성된 육질의 열매로서, 부드러운 가운데 육질의 과육이 단단한 안쪽의 내과피 내에 종자가 있다. 산수유, 매실, 살구 등

골돌과

삭과

수과

시과

이과

핵과

대표적인 과의 특징

분류학적으로 유사한 식물을 묶어 놓은 것을 科(family)라고 한다. 보통 같은 과의 식물들은 모양이나 자라나는 습성이 유사하여 한데 묶어서 이해하면 편리한 경우가 많다.

여기에서는 관상용으로 기르고 있는 꽃나무 중 대표적인 몇몇 과의 일반적인 형태적 생육 특성을 소개한다. 다만, 여기서 소개된 특성이 그 과에 속한 모든 식물에 적용되는 것은 아니다.

✻ 감탕나무과(Aquifoliaceae)

상록 또는 낙엽성 관목이거나 교목으로서 잎은 단엽이고 호생한다. 꽃은 암수딴그루이고 열매는 핵과나 장과형이다. 주로 남부지방에 야생하거나 열매를 관상하기 위하여 기른다.

꽝꽝나무

낙상홍

먼나무

호랑가시나무

✻ 낙우송과(Taxodiaceae)

낙엽 또는 상록성 교목으로 잎은 침형이거나 인편상이다. 꽃은 암수한그루로서 외국에서 도입한 식물이다.

금송

낙우송

메타세쿼이아

✻ 두릅나무과(Araliaceae)

상록 또는 낙엽성으로 관목 또는 덩굴성 목본식물이다. 잎은 장상으로 갈라지거나 복엽인 경우가 많다. 꽃은 산형화서를 이루는 경우가 많다. 열매는 장과 또는 핵과이다.

송악

음나무

팔손이

황칠나무

✲ 물푸레나무과(Oleaceae)

낙엽성 또는 상록성 관목 또는 교목으로 잎은 마주난다. 꽃잎은 4갈래로 갈라진 통꽃으로 원추화서 또는 취산화서이다. 주로 아름답거나 향기가 좋은 꽃을 감상하기 위해서 기르고, 번식은 영양번식으로 하는 경우가 많다.

개나리

광나무

금목서

수수꽃다리

미선나무

영춘화

이팝나무

쥐똥나무

✻ 소나무과(Pinaceae)

상록성 교목으로 잎은 침엽이고 꽃은 암수한그루이며 열매는 솔방울 형태이다. 늘푸른나무로서 관상용으로 많이 이용하고 있다. 대부분 열매로 번식한다.

구상나무

독일가문비나무

소나무

반송

잣나무

섬잣나무

젓나무

히말라야시더

✻ 인동과(Caprifoliaceae)

낙엽성 또는 상록성 관목 또는 소교목이다. 잎은 단엽 또는 우상복엽으로 마주난다. 열매는 장과 또는 핵과, 삭과이다. 아름다운 꽃을 관상하기 위하여 기르는 경우가 많다.

괴불나무

댕강나무

딱총나무

백당나무

분꽃나무

붉은병꽃나무

아왜나무

인동덩굴

✻ 장미과(Rosaceae) — ①

낙엽성 또는 상록성 관목 또는 교목으로 속한 식물 종이 매우 큰 과이다. 잎은 어긋나고 단엽 또는 우상복엽이다.

국수나무

귀룽나무

마가목

매화나무

명자나무

모과나무

병아리꽃나무

복사나무

✻ 장미과(Rosaceae) — ❷

꽃잎은 다섯장으로 떨어져 있으며 열매는 골돌과, 수과, 이과, 핵과 등으로 다양하다.

비파나무

산사나무

살구나무

쉬땅나무

앵두나무

옥매

왕벚나무

덩굴장미

✽ 장미과(Rosaceae) — ❸

주로 아름다운 꽃을 관상하거나 열매를 식용하기 위하여 기른다.

조팝나무

죽단화

찔레나무

팥배나무

피라칸사

해당화

홍가시나무

황매화

✻ 층층나무과(Cornaceae)

낙엽성 또는 상록성 교목 또는 관목으로 잎은 마주나는 경우가 많고(층층나무는 어긋나기) 단엽이다. 열매는 핵과이거나 장과상 핵과이다.

금식나무

산딸나무

미국산딸나무

산수유

층층나무

흰말채나무

✻ 콩과(Leguminosae)

낙엽 또는 상록성 교목 또는 관목으로 최근에는 콩과(Fabaceae), 미모사과(Mimosaceae), 실거리나무과(Caesalpiniaceae)로 나누어 분류하기도 한다. 잎은 우상복엽인 경우가 많고 꽃은 콩과식물의 특징적인 꽃모양이며(자귀나무 제외), 열매는 콩깍지 모양이다.

골담초

등나무

박태기나무

아까시나무

자귀나무

회화나무

꽃나무 심기

꽃나무는 한 번 심으면 오랫동안 자라게 되고 옮겨심기가 쉽지 않으므로 꽃나무가 좋아하는 환경조건을 잘 파악한 후 적합한 위치를 선정한다.

가령, 침엽수나 열매가 이용되는 꽃나무, 화려한 꽃이 피는 꽃나무, 햇빛을 좋아하는 꽃나무는 남향의 햇빛을 충분히 받을 수 있는 곳에 심고, 사철나무와 같이 그늘에도 어느 정도 잘 견디는 식물은 그늘진 곳에 심는다. 대전 이북의 중부지방에서 겨울철 추위에 다소 염려가 되는 꽃나무는 햇빛이 너무 강한 곳에 심지 않는 것이 좋다. 배수가 잘 되는 토양을 좋아하거나 비료를 좋아하는 꽃나무는 심을 때 배수가 잘 되도록 마사토를 넣거나 퇴비 등을 충분히 주고 심는 것이 좋다.

또한 꽃나무는 생장속도가 각기 다르므로 몇 년 후에 얼마나 자랄지를 고려해야 하는데 빨리 자라는 속성수는 주변의 식물에게 그늘을 드리우게 되므로 충분히 넓은 공간에 두고 심는다. 작은 느티나무 묘목을 심은 후 몇 년이 지나면 이웃한 향나무에게 그늘을 드리울 정도로 자라서 햇빛을 매우 좋아하는 향나무가 죽게 되는 경우가 흔치 않게 발생한다.

✻ 묘목 심는 순서

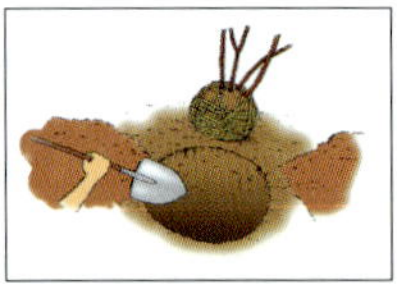

① 나무를 심을 구덩이는 깊이나 넓이 모두 뿌리분의 두 배 정도로 판다.

② 복합비료를 충분히 준다.

③ 부엽이나 퇴비를 충분히 준다.

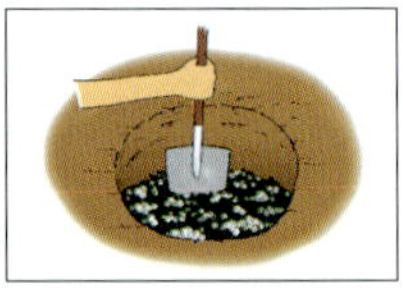

④ 비료와 부엽토를 잘 섞는다.

⑤ 뿌리분을 싸고 있는 짚을 풀거나 또는 그냥 심는다. 비닐 끈일 경우에는 뿌리에서 흙이 떨어지지 않도록 조심해서 풀어 준다.

⑥ 비료가 뿌리에 직접 닿지 않도록 사이에 흙을 넣고 너무 깊이 심지 않도록 한다.

⑦ 심은 후에는 물을 충분히 준다.

⑧ 흙으로 잘 덮는다. 건조한 봄에 나무를 심을 경우에는 물이 고여 있도록 홈을 만들어 준다.

꽃나무 가지치기

꽃나무를 기를 때에는 모양을 예쁘게 다듬거나 꽃이나 열매가 잘 달리게 할 목적으로 가지치기를 해야 할 필요가 있다.

일반적으로 관목의 경우, 특히 산울타리용 꽃나무의 경우에는 모양을 다듬는 정도로 웃자란 가지의 끝부분을 적당히 자르거나 도장지를 자르는 정도로 가지치기를 한다.

반면 교목의 경우에는 병든 가지가 있거나 시든 가지, 도장지, 엉킨 가지, 거꾸로 난 가지 등이 생겨서 모양을 좋지 않게 만들거나 생육에 방해가 되는 경우가 있고, 수세가 약해지면서 뿌리나 주간의 밑 부분에서 힘센 가지가 나와 수세가 더욱 약해지므로 가지치기를 해주어야 한다. 백목련이나 감나무, 왕벚나무와 같이 자연수형이 아름답고 웃자란 가지가 거의 없는 꽃나무의 경우에는 가지치기를 하지 않는 것이 오히려 좋으므로 유의한다.

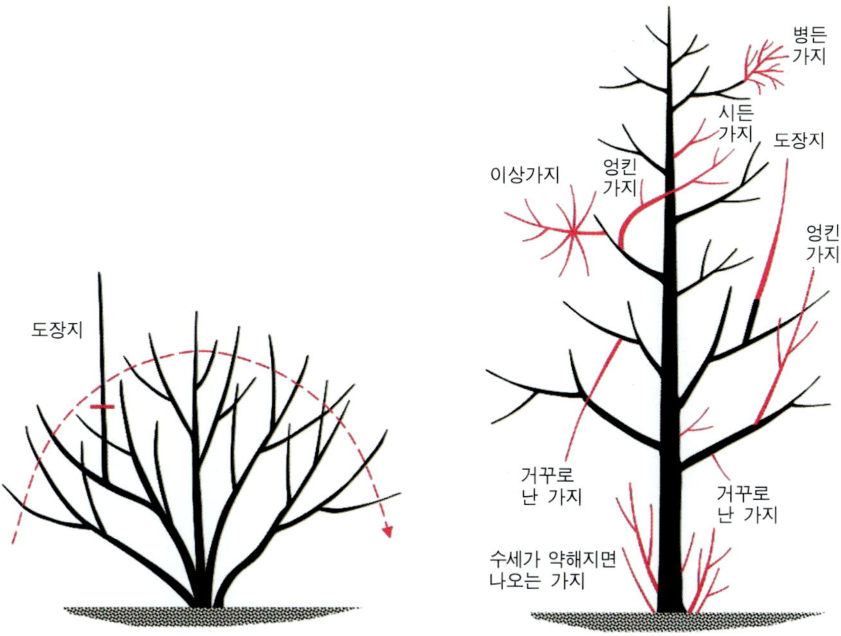

관목(왼쪽)과 교목(오른쪽)에서 가지치기를 해야 하는 가지

가지치기를 할 때에는 원하는 방향으로 새로운 가지가 나오도록 가지의 자른 부분 바로 아래 눈의 방향을 고려해서 자를 부위를 결정한다. 또한 가지를 어느 정도 남기고 자르느냐에 따라 나오는 가지의 세력이 달라지는데 일반적으로 가지의 밑부분에서 자르면 강한 가지가 나온다.

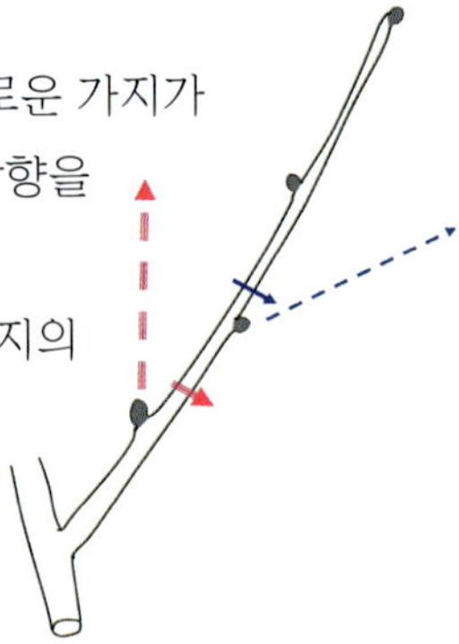

양날 손전정가위

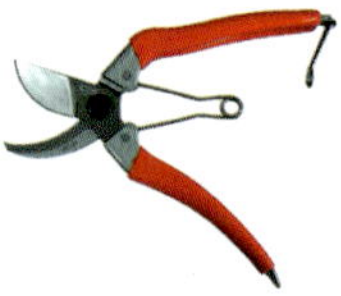

외날 손전정가위

양날 대형 전정가위

가지치기용 전정가위는 크게 세 가지로 나뉜다. 양날 손전정가위는 주로 올해 나온 가지나 잎을 자르거나 소나무나 향나무 등의 순지르기 등에 사용하고 외날 손전정가위는 비교적 두꺼운 나무 가지를 자르는데 사용된다. 양날 대형 전정가위는 생울타리의 모양 다듬기를 할 때 주로 이용된다.

식물 이름 찾아보기

식물 학명 찾아보기

서정남 고려대학교 대학원(농학박사)
시즈오까대학 외국인특별연구원(일본학술진흥회)
국립종자원 재배시험과

최지용 고려대학교 대학원
제주대학교 대학원(농학박사)
큐슈대학 PostDoc.
삼성에버랜드 환경개발사업부

허무룡 고려대학교 대학원(농학박사)
경상대학교 식물자원환경학부 원예학전공 교수

박천호 고려대학교 대학원(농학박사)
고려대학교 생명산업과학부 교수

꽃이 숨쉬는 책 시리즈 ❺

꽃 나 무

2008년 2월 15일 초 판 발행
2012년 1월 20일 개정판 발행

지은이: 서정남 · 최지용 · 허무룡 · 박천호
만든이: 정진해
펴낸곳: 부민문화사

140-827 서울시 용산구 서계동 33-33(부민 B/D)
전화: 714-0521~3 FAX: 715-0521
등록 1955년 1월 12일 제 3-22호
http://www.bumin33.co.kr
E-mail: bumin1@bumin33.co.kr

정가 12,000원

공급 한국출판협동조합

ISBN 978-89-385-0150-9 93520
ISBN 89-385-0038-1 (세트)